Nb-Ti微合金钢连铸坯热芯大压下轧制组织演变及遗传性研究

宫美娜　贺　晨　陈重毅　杨　帆　著

东北大学出版社

·沈　阳·

图书在版编目（CIP）数据

Nb-Ti微合金钢连铸坯热芯大压下轧制组织演变及遗传性研究 / 宫美娜等著. -- 沈阳：东北大学出版社，2024.4

ISBN 978-7-5517-3523-0

Ⅰ. ①N… Ⅱ. ①宫… Ⅲ. ①合金钢—连铸坯—研究 Ⅳ. ①TG27

中国国家版本馆CIP数据核字(2024)第091615号

出 版 者：东北大学出版社
地址：沈阳市和平区文化路三号巷11号
邮编：110819
电话：024-83683655（总编室）
024-83687331（营销部）
网址：http://press.neu.edu.cn
印 刷 者：辽宁一诺广告印务有限公司
发 行 者：东北大学出版社
幅面尺寸：170 mm × 240 mm
印 张：10
字 数：200 千字
出版时间：2024 年 4 月第 1 版
印刷时间：2024 年 4 月第 1 次印刷
策划编辑：刘桉彤
责任编辑：白松艳
责任校对：石玉玲
封面设计：潘正一
责任出版：初 茗

ISBN 978-7-5517-3523-0 定 价：65.00 元

作者简介

宫美娜，女，讲师，内蒙古科技大学材料科学与工程学院，硕士生导师。以第一作者或通讯作者发表学术论文10余篇；作为项目负责人和课题负责人承担内蒙古自然科学基金、内蒙古自治区重点研发项目、横向课题等4项。

贺晨，男，副研究员，中国科学院沈阳自动化研究所，硕士生导师。以第一作者或通讯作者发表的被SCI/EI收录的论文17篇，申请发明专利11项；作为课题负责人和项目负责人承担国家重点研发计划课题（2022年）、内蒙古自治区重点研发和科技合作项目（2023年）、辽宁省自然科学基金项目（2022年）、沈阳市中青年科技人才奖励配套专项（2023年）及企业横向课题（2023年）等6项。

陈重毅，男，副教授，内蒙古科技大学材料成型及控制工程系主任，硕士生导师。主讲“材料成型原理”“材料成型控制工程基础”“材料加工创新实验”“材料加工过程数值模拟”等本科生及研究生核心课程。获校级教学成果奖一等奖1项，内蒙古自治区教学成果奖三等奖1项。主持国家自然科学基金1项，内蒙古自治区关键技术攻关项目1项、内蒙古自然科学基金2项、横向课题5项，参与国际合作交流项目、国家重大专项、省部级科研项目及企业横向项目20余项，发表学术论文20余篇，获授权发明专利4项、实用新型专利2项。

杨帆，男，工程师，就职于内蒙古上都发电有限责任公司；在国内、国际高水平刊物上发表论文6篇，授权实用新型专利5项，申请发明专利3项；上都发电有限责任公司金属专业技术带头人，作为项目负责人承担科技项目5项、重点工程项目20余项。

该专著受内蒙古自治区自然科学基金项目（No. 2022QN05032）（No.2020MS05046）、内蒙古自治区科技计划项目（2023KJHZ0029）、内蒙古自治区应用技术研究与开发资金项目（2021GG0047）；国家自然科学基金项目（52361011）、国家重点研发计划（2022YFB4602203）；辽宁省博士科研启动基金计划项目（2022-BS-026）资助。

前　言

连铸坯内部缺陷主要包括中心偏析、缩孔及疏松等。对于大断面钢材成品而言，由于压缩比不足，这些缺陷在后续轧制中无法得到有效消除，大大降低了钢材成品的力学性能，导致产品无法满足使用要求。近年来，东北大学提出了连铸坯热芯大压下轧制（hot-core heavy reduction rolling，HHR^2）技术，该技术是指在连铸机出口处布置轧机，利用连铸坯表面温度低、芯部温度高的温度分布特征，对连铸坯进行单道次大压下量高渗透轧制，旨在改善连铸坯内部质量。目前，连铸坯热芯大压下技术的研究大多集中在如何减少连铸坯中心偏析、缩孔及疏松等低倍缺陷，而有关压下过程连铸坯显微组织演变和再加热组织遗传方面机理尚不清晰。本书针对连铸坯热芯大压下轧制过程，从显微组织的角度研究了Nb-Ti微合金钢连铸坯高温黏塑性区动态再结晶行为、奥氏体组织演变规律、微合金第二相粒子析出行为，并建立连铸坯组织跟踪、监测及评价体系，系统研究了热芯大压下轧制及装送工艺对Nb-Ti微合金钢连铸坯组织、铸坯再加热组织、热轧成品组织和力学性能的影响，为制定和优化连铸坯热芯大压下轧制工艺参数提供理论依据。本书的主要内容和研究结果如下：

（1）针对超高温（1200 ℃以上）、低应变速率条件下钢铁材料参数和本构模型缺乏的现状，采用单道次压缩热模拟实验，深入研究了Nb-Ti微合金钢高温黏塑性区（1000～1350 ℃）的流变行为，建立了高温黏塑性本构模型、动态再结晶模型和动态再结晶奥氏体晶粒尺寸模型。采用这些模型可以对试验钢在更高变形温度和更低应变速率下的动态再结晶体积分数和奥氏体晶粒尺寸进行定量分析，丰富了钢铁材料超高温变形的物理冶金学数据库。

（2）采用双道次压缩热模拟实验，系统研究了高温黏塑性区（850～1300 ℃）不同变形参数对Nb-Ti微合金钢第二相粒子析出行为的影响，建立了奥氏体再结晶驱动力模型和第二相粒子析出钉扎力模型，阐明了高温黏塑性区析出与再结晶的交互作用。结果表明：实验钢在850～1000 ℃下变形，析出会通过消耗形变储能而优先于再结晶发生，对再结晶起到阻碍作用；实验钢在1100～1300 ℃下变形，再结晶会通过消耗形变储能降低第二相粒子析出驱动力而优先于析出发生。

（3）采用Deform-3D软件建立了黏塑性热力耦合有限元模型，对Nb-Ti微合金钢连铸坯热芯大压下轧制过程进行数值模拟，并结合所建立的高温黏塑性区动态再结晶模型及其晶粒尺寸模型，对连铸坯厚度方向的动态再结晶体积分数和奥氏体晶粒尺寸进行定量化分析研究。结果表明，只有同时具有大温度梯度和大变形量的条件，才能够使轧制变形进一步渗透至铸坯芯部，从而显著提高芯部动态再结晶体积分数，大幅细化芯部奥氏体晶粒，明显提高铸坯厚度方向上的组织均匀性。

（4）开展了Nb-Ti微合金钢连铸坯热芯大压下轧制试验。结果表明，CC铸坯表面至芯部的铁素体晶粒尺寸分别约为82，105，128 μm，CC-HHR^{2}铸坯表面至芯部的铁素体晶粒尺寸分别约为69，63，65 μm；CC-HHR^{2}铸坯1/4厚度处尺寸为6～20 nm的析出粒子数量较CC铸坯1/4厚度处的析出粒子数量明显增多。该试验证实了热芯大压下轧制对提高Nb-Ti微合金钢连铸坯厚度方向上的组织均匀性具有明显效果。

（5）开展了Nb-Ti微合金钢连铸坯再加热和控轧控冷试验，系统研究了热芯大压下轧制对铸坯再加热组织和热轧成品组织遗传性的影响。结果表明，CC-HHR^{2}铸坯再加热和轧制后的奥氏体晶粒较CC铸坯得到明显细化，该试验证实了铸坯再加热前后存在一定程度的组织遗传性，并且热芯大压下轧制对组织的细化效果也能够保留至最终热轧成品组织中，使热轧成品力学性能均匀性得到明显提高。

（6）开展了Nb-Ti微合金钢热芯大压下轧制连铸坯装送试验，研究了CC铸坯和CC-HHR^{2}铸坯在不同装送工艺下的显微组织演变、微合金第二相粒子析出及力学性能变化。与常规CC铸坯冷装工艺相比，CC-HHR^{2}铸坯直接轧制工艺和热装工艺在不降低组织均匀性和力学性能均匀性的前提下，能更好地实现高效、节能生产和优化生产。

关于书稿撰写字数：宫美娜撰写8万字，贺晨、陈重毅各撰写5万字，杨帆撰写2万字。

著　者

2024年2月

目　录

第1章　绪　论

1.1　研究背景

进入21世纪以来，连铸技术在理论、工艺及装备方面不断得到创新和完善，并在生产上得到广泛应用。1980年世界连铸比为29.9%，1990年世界连铸比达到64.1%，2000年世界连铸比达到86%，工业发达国家的连铸比大都超过90%。连铸机设备不断改进、连铸工艺日趋完善、自动化控制和检测手段不断提高及相关技术密切配合，使连铸生产已达到较为理想的程度。与传统模铸工艺相比，采用连铸工艺生产中厚板，能够简化生产工序，缩短工艺流程，同时能降低能源消耗，提高金属收得率等。连铸生产过程示意图如图1.1所示。

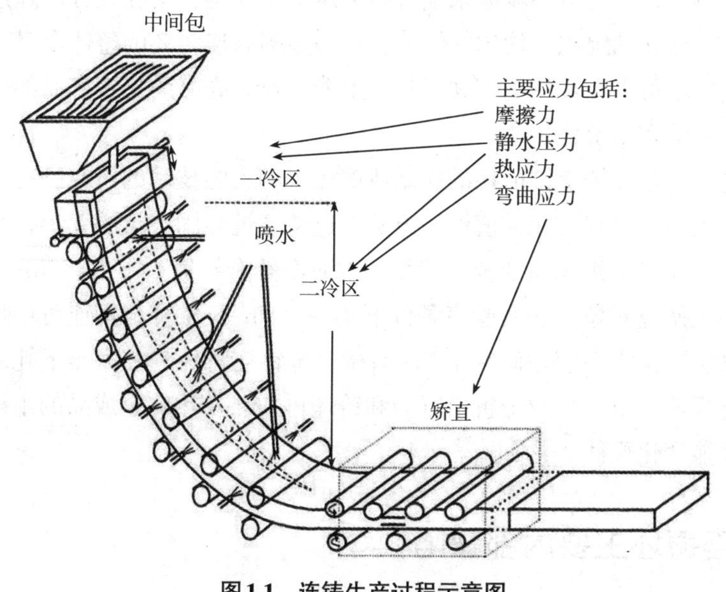

图1.1　连铸生产过程示意图

我国在连铸生产方面虽然取得了很大成绩，但也存在一些难以解决的问题。例如，高水平连铸机所占比例小，高附加值产品少，铸机作业率低，浇铸速度低，自动化控制水平低，高质量连铸坯比例小等。连铸坯的质量直接影响最终热轧产品的使用性能和制造成本，制备无缺陷铸坯是保证更高生产效率的关键。在钢铁材料连铸生产过程中，铸坯内部极易出现裂纹、疏松、厚度方向组织不均匀和偏析等缺陷。这些缺陷所带来的负面效应已成为限制高质量钢材连铸高效化生产的共性技术难题。由于从坯料到成品的压缩比小，内部疏松、缩孔等缺陷无法在后续轧制中得到有效消除，这些缺陷会恶化最终热轧成品的力学性能，导致产品无法满足使用要求，严重制约着高端品种钢铁材料的开发和生产。随着连铸生产规模不断扩大和连铸坯质量要求日益提高，传统连铸技术已经不能满足生产要求，为了生产出能耗更低、效率更高和质量更好的连铸坯，必须突破传统的连铸技术。开发连铸新技术是生产高质量连铸坯的重要保证，对钢铁行业的技术进步和产业升级具有巨大的推动作用。高质量的连铸坯是轧制高品质钢材产品的关键。因此，迫切需要资源节约型高质量连铸坯生产技术的开发和应用。

以自主创新和自主集成战略为主导，推进先进技术的开发和设计，是我国真正迈入钢铁强国行列需要实现的主要目标。东北大学提出了连铸坯热芯大压下轧制（hot-core heavy reduction rolling，HHR^2）技术，即充分利用连铸余热和大温度梯度，在连铸坯凝固末端进行大压下量轧制，旨在充分消除连铸坯的芯部疏松、缩孔和组织不均匀等缺陷，进一步提高连铸坯的整体质量。热芯大压下轧制技术可进一步挖掘钢铁材料的潜能，对于高品质钢铁产品的生产和开发具有重要的实用价值。

目前，对与连铸直接衔接的轧制或锻压等相关的技术的研究已有一系列报道，它们大多采用有限元数值模拟方法对连铸坯近凝固终点的变形行为进行研究，而对有关显微组织演变及其遗传性的研究鲜有报道。本书以Nb-Ti微合金钢连铸坯为研究对象，在实验室条件下实现了Nb-Ti微合金钢连铸坯热芯大压下轧制试验，深入系统地研究了Nb-Ti微合金钢连铸坯热芯大压下轧制中显微组织变化规律、第二相粒子析出行为和铸坯再加热及热轧至成品的组织遗传性和力学性能变化规律。

1.2 连铸坯主要内部缺陷

在钢铁材料连铸生产过程中，产品质量和生产效率是最受关注的两个问题。在保证控制铸坯洁净度的前提下，中心偏析、中心疏松和缩孔仍然是目前难以解决的问题。这些缺陷在铸坯后续加工过程中显著降低了钢铁材料的成型性和抗疲劳性，大大降低了产品的成材率和合格率。

1.2.1 中心偏析

连铸坯在凝固过程中，溶质元素在固相和液相中的溶解度和扩散系数不同，溶质元素会不断从固相向液相排出，并在固-液界面凝固前沿处发生重新分配，使铸坯中的溶质元素发生不均匀分布，从而形成偏析，且越靠近凝固末端，溶质元素在液相中的富集程度越严重。随着凝固过程的进行，富集溶质的钢液逐渐聚集在铸坯中心，即形成中心偏析。

1.2.2 中心疏松、缩孔

铸坯在凝固末端处液芯形貌呈锥形，凝固过程中形成的枝晶容易相互搭接而形成“小钢锭”结构，阻碍了凝固末端富含溶质元素的钢液与上游钢液进行交换，钢液难以补充至铸坯中心空穴，导致中心缩孔的产生，如图1.2所示。此外，随着铸坯坯壳厚度增加，铸坯芯部冷速降低，使芯部等轴晶区较为稀疏，导致铸坯中出现大量疏松和缩孔缺陷，明显降低了铸坯的致密度。中心疏松和偏析通常相伴而生，呈现周期性和断续性分布特征，它们明显恶化了钢材的使用性能。例如，对于天然气输送管道，输送的气体中的氢会扩散到管壁疏松、偏析处，从而使管壁产生裂纹，最终导致钢管破裂；对于海洋钻探和平台用钢，中心疏松、缩孔和偏析会降低其焊接性能，导致材料开裂，大大缩短材料的使用寿命；对于高强度船板钢，中心缩孔及疏松大大降低了材料的低温韧性，威胁着船舶的安全性能。

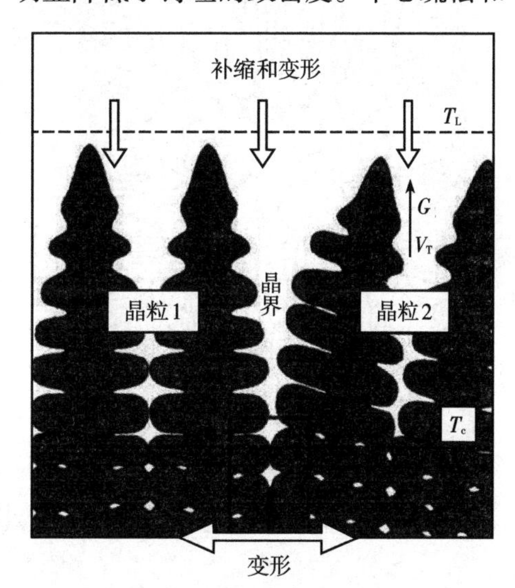

图1.2 枝晶间的缩孔形貌

1.2.3 组织不均匀

在凝固过程中，连铸坯的宏观组织通常会发生CET转变（columnar-to-equiaxed transition），即变成了外表面细晶区、中间柱状晶区和芯部等轴晶区，如图1.3所示。表面细晶区的晶粒十分细小，组织致密，力学性能较好，但表面细晶区厚度很薄，因此对铸坯的整体性能影响不大。柱状晶区由粗大的柱状晶构成，在柱状晶区中，晶粒的界面平直，组织较致密。但是，若不同方向生长的柱状晶彼此相遇，则会形成柱晶间界，柱晶间界是铸坯的弱面，包含大量杂质、气泡和缩孔等，在热加工过程中容易在弱面形成裂纹。中心等轴晶区的各个晶粒在长大时彼此交叉，枝杈间搭接牢固，裂纹不容易进行扩展。但是树枝状的等轴晶比较发达，分枝较多，导致显微缩孔较多，组织不够致密。

根据凝固原理，金属材料受热力学和成分的影响会形成不同的凝固组织形貌。按照经典界面稳定性动力学理论和成分过冷理论，合金的原始成分C_0、固-液界面处液相内温度梯度G_L和凝固速率V_{sol-v}是决定金属晶体形貌的主要因素。在C_0一定的情况下，随着G_L/V_{sol-v}减小，晶体形貌从平面晶向树枝晶转变，如图1.4所示。因此，在连铸生产过程中应该力求避免形成发达的柱状晶区，否则会导致热轧开裂从而产生废品。

图1.3　连铸坯凝固组织示意图

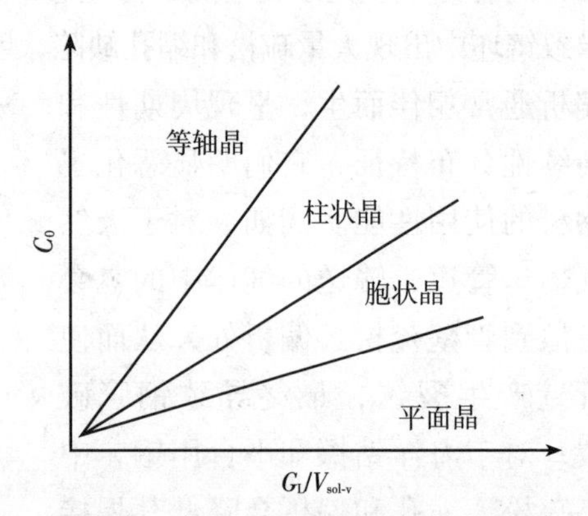

图1.4　G_l/V_{sol-v}和C_0对凝固组织的影响

1.3　连铸坯内部质量控制技术发展概述

1.3.1　电磁搅拌技术

连铸坯的内部缺陷不仅会对后续热加工过程造成不良影响，还会使加工成本大大增加。目前，国内外很多学者开发出多种先进技术来改善连铸坯的整体质量。连铸电磁搅拌（electromagnetic stirring，EMS）技术作为电磁冶金的一部分，在控制金属凝固过程方面非常有效，可以明显降低连铸坯的偏析程度。连铸电磁搅拌技术即通过在搅拌器的线圈绕组上加载交变电流来促使电磁力产生，驱动液相穴中钢液快速流动，促使铸坯凝固前沿处的钢液和铸坯内部的钢液均匀混合，降低液相穴温度，减小两相区温度梯度，抑制发达柱状晶形成，促进等轴晶转变。但是，连铸电磁搅拌设备的适应性较差，设备维护费用较高，生产成本较大。此外，在连铸过程中，由于浇铸速度的变化，搅拌位置难以固定，若搅拌位置不合适，甚至会导致白亮负偏析带的形成。

1.3.2 连铸坯轻压下技术

轻压下技术（soft reduction，SR）始于20世纪70年代末，是近年来推广较快的板坯连铸生产技术之一，主要用来改善连铸坯芯部疏松和偏析等缺陷。轻压下技术是指在连铸坯凝固末端施加压缩变形，用以补偿连铸坯的凝固收缩，此时铸坯芯部的固相率为0.3～0.7，轻压下过程示意如图1.5所示。

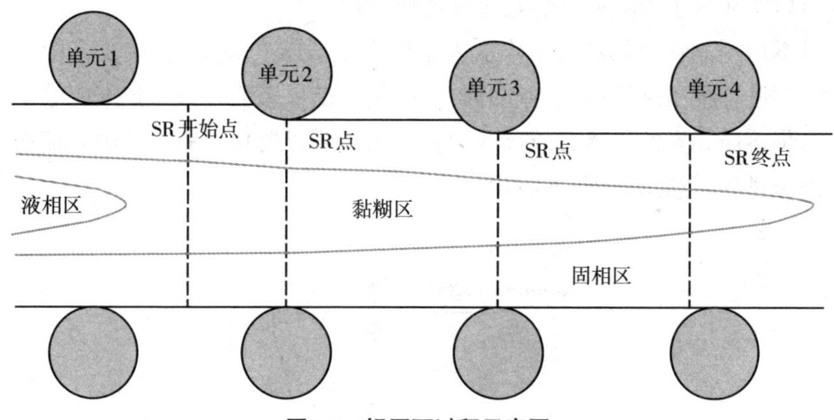

图1.5 轻压下过程示意图

新日本制铁公司Ogibayashi等对轻压下技术进行研究，结果表明，在铸坯的中心固相率小于0.25时采用一体轻压下技术，中心偏析程度随着压下量的增加而加剧，中心偏析在拉坯方向的波动也明显加剧，而在铸坯的中心固相率大于0.25时进行轻压下，能够明显减轻铸坯的中心偏析。韩国浦项制铁集团公司Yim等的研究结果表明，当固相率为0.3～0.8时，对250～330 mm厚的方坯进行6 mm轻压下，能够明显改善铸坯的疏松和偏析。

与电磁搅拌技术相比，轻压下技术可以通过施加机械力，有效补偿连铸坯的凝固收缩，并能直接改变铸坯的凝固进程，促进铸坯中心位置的钢液向拉坯方向反向流动，从而实现了铸坯芯部位置富集的溶质元素发生重新分配，极大程度地避免了铸坯芯部偏析和疏松。因此，轻压下技术对连铸坯的稳定生产具有重大意义，目前已在国内外被广泛使用，并成为现代连铸机的主要标志之一。但是，对于厚规格连铸坯而言，由于轻压下技术的压下量小，变形难以充分渗透至铸坯芯部位置，因此不能明显消除铸坯的芯部疏松和缩孔。

1.3.3 连铸坯凝固末端重压下技术

近年来，国内外针对厚规格连铸坯相继提出了重压下技术，即在铸坯芯部固相率为0.8～1.0时进行大压下量变形。与轻压下技术相比，重压下技术具有更大的压缩变形能力，可以更加有效地解决铸坯的芯部疏松和缩孔等缺陷，显著提高铸坯的致密度，并能够明显改善铸坯厚度方向的组织均匀性。

日本住友金属工业公司开发出PCCS（porosity control of casting slab）技术，该技术是在连铸坯近凝固终点进行大压下变形。结果表明，当铸坯的压缩比为2时，就能达到普通连铸坯后续热轧过程压缩比为5时的致密度，采用该技术可以明显减小铸坯后续热轧过程的压缩比。

日本川崎制铁公司和日本大阪大学提出了锻压（forging）技术，即在铸坯凝固末端进行锻压来提高连铸坯的整体质量。结果表明，锻压技术能够使铸坯芯部富集溶质元素的液体有效排入液相穴内，明显弱化了铸坯的中心疏松与偏析，锻压过程示意图如图1.6所示。

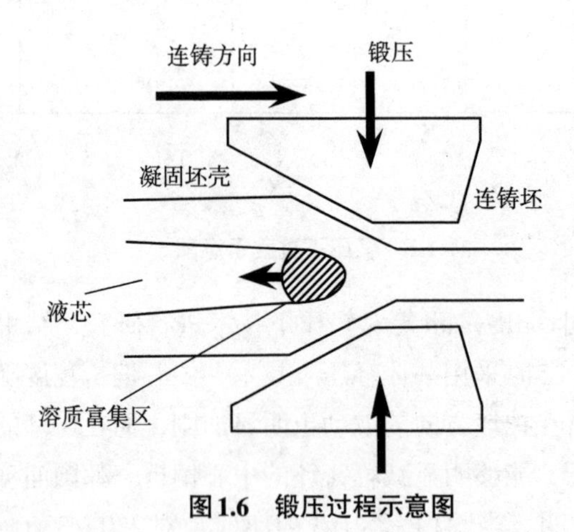

图1.6　锻压过程示意图

韩国浦项制铁集团公司提出了POSHARP（POSCO heavy strand reduction process）技术，该技术通过控制连铸坯凝固末端压下过程的压下温度、压下量和压下位置等工艺参数，明显改善了铸坯的中心偏析和疏松等内部缺陷。由于连铸坯重压下技术是一项节能环保和降本增效的先进技术，因此，我国东北大学、北京科技大学、河钢集团等科研院校和钢铁企业为了能使其尽快得到工业化推广与应用，对此项技术的核心工艺展开了大量研究。

Xu 等提出了 START（solidification terminal advanced reduction technique）技术，同时结合电磁搅拌技术明显改善了320 mm厚连铸坯的疏松、偏析等缺陷，并建立了二维传热有限元模型追踪连铸坯凝固过程中的温度场变化，研究了START过程中压下温度、压下量、压下位置和固相率对连铸坯中心缩孔的影响。结果表明，在铸坯中心固相率0.53 ~ 0.98和压下量9 mm时进行压下，能够达到最佳的缩孔改善效果，START过程示意图如图1.7所示。

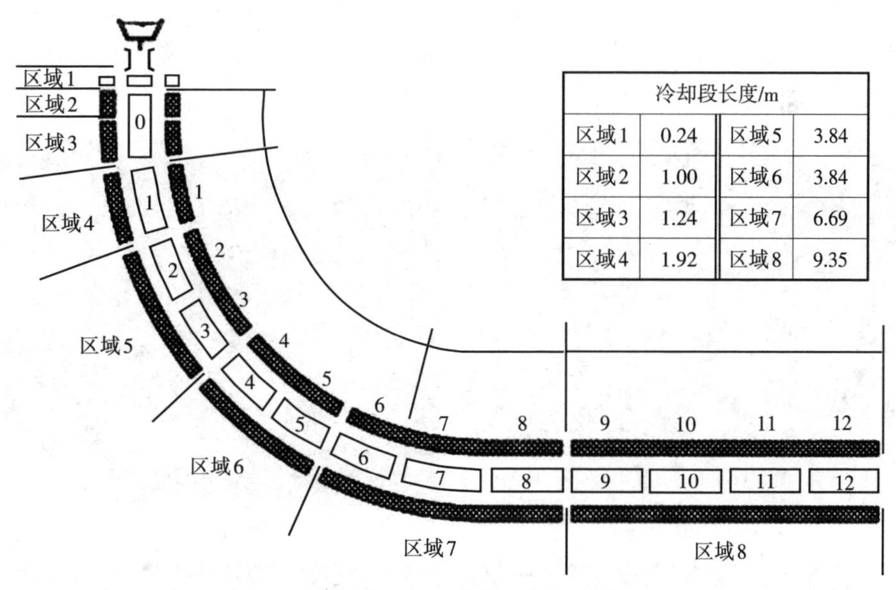

图1.7 START过程示意图

Zhao 等提出了 HRPISP（heavy reduction process to improve segregation and porosity）技术来改善连铸坯的内部质量。结果表明：在连铸坯芯部固相率小于0.85时对300 mm厚的连铸坯进行压下，能有效解决芯部偏析问题；在芯部固相率大于0.85时对连铸坯进行压下，对连铸坯中心偏析的改善效果微弱，而对芯部疏松和缩孔具有明显的改善效果。此外，还对比了连铸坯辊列式重压下和单辊重压下两种方式下的芯部缩孔改善效果。结果表明，在总压缩比相同的条件下，与辊列式重压下相比，单辊重压下具有更强的缩孔压合能力，HRPISP过程示意图如图1.8所示。

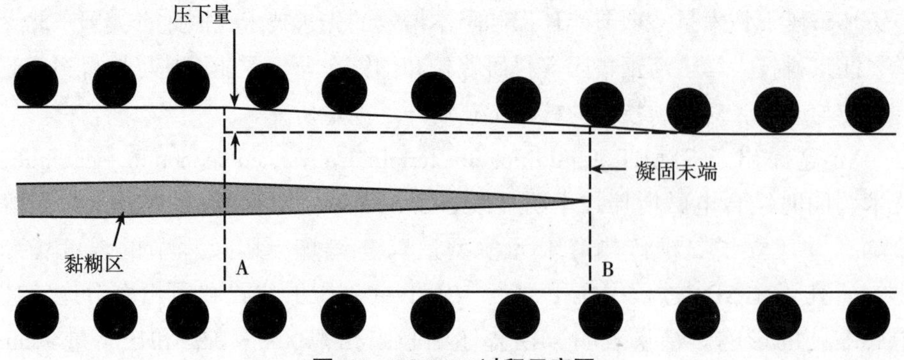

图1.8　HRPISP过程示意图

Zhu等提出了HR（heavy reduction）技术，并对HR过程建立了三维热力耦合有限元模型，研究了重压下过程中Q345C连铸坯凝固末端的变形行为和显微组织变化。结果表明，与轻压下技术相比，HR技术对连铸坯组织的细化程度更加明显，如图1.9所示。

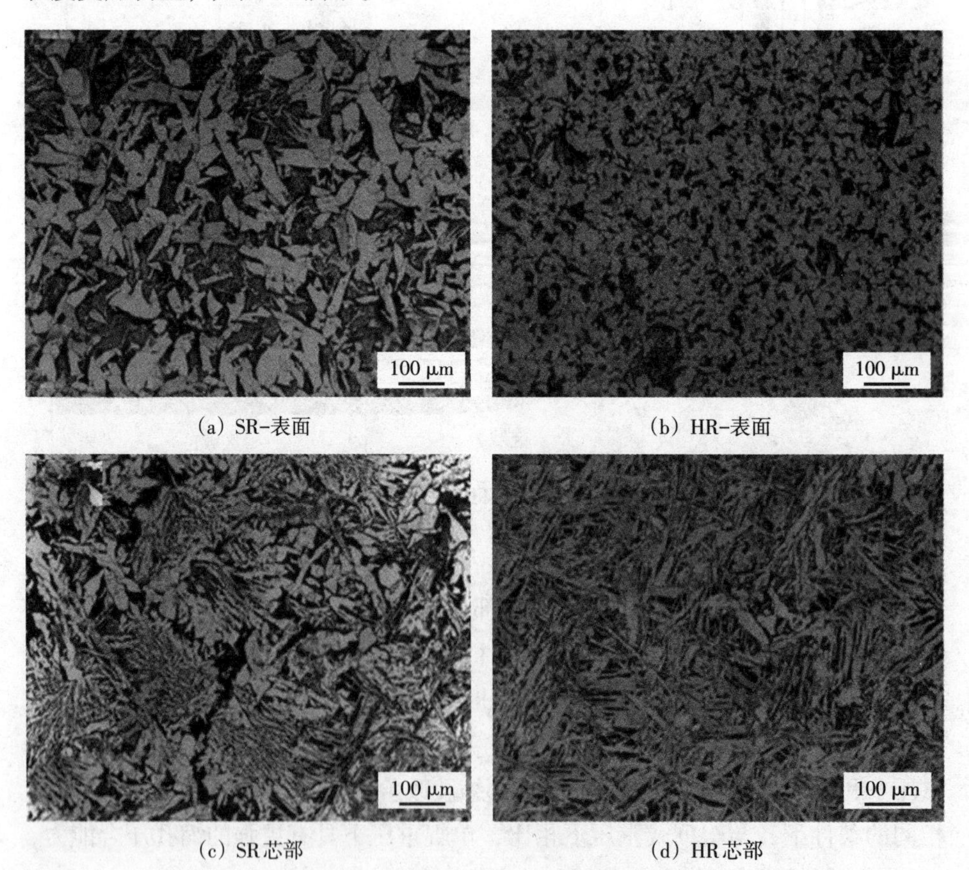

（a）SR-表面　（b）HR-表面　（c）SR芯部　（d）HR芯部

图1.9　Q345C连铸坯的显微组织

河北钢铁集团唐钢中厚板公司对其现有连铸设备进行改造，在连铸末端增设重压下装置，具备了连铸与重压下直接衔接的试验条件，并根据理论基础研究，完成了厚规格连铸坯凝固末端重压下技术的工艺优化，成功制备出高质量的均质连铸坯。

虽然重压下技术对连铸坯内部疏松和缩孔的改善效果非常明显，但是重压下技术是在连铸坯芯部固相率为0.8～1.0时进行大压下变形，此时连铸坯芯部处于高温凝固脆性区，当应力大于连铸坯抗拉强度时，会在连铸坯内部引起大量内裂纹，因此一般压下量不超过20 mm。

1.3.4 连铸坯热芯大压下轧制技术

近年来，东北大学轧制技术及连轧自动化国家重点实验室提出了连铸坯热芯大压下轧制（hot-core heavy reduction rolling，HHR^2）技术。该技术是在连铸机出口布置轧机，充分利用连铸坯表面温度低、芯部温度高的温度分布特征，进行单道次大压下量渗透轧制。由于连铸机出口铸坯芯部已经完全凝固，芯部固相率为1，避开了连铸坯的凝固脆性区，因此，HHR^2技术可对铸坯施加更大的压下量而不产生内裂纹，从而更好地解决连铸坯内部缩孔、疏松缺陷，并提高铸坯内部组织均匀性，为后续热轧提供优质和均一的原材料。

在连铸坯热芯大压下轧制中，铸坯可以充分利用连铸余热实现“趁热打铁”，大大降低设备能耗，缩短工艺流程。在后续热轧中，由于连铸坯内部缩孔被显著消除，内部质量明显提高，因此可对铸坯采用较小的压缩比来生产高质量热轧钢材成品。连铸坯热芯大压下轧制技术的优势包括以下三个方面：

（1）温度梯度轧制。在提高产品质量和降低能耗方面，温度梯度轧制的优势已经充分体现在钢铁的实际生产和应用中。在热芯大压下轧制过程中，铸坯能够从连铸过程直接获得较大温度梯度，在铸坯表面温度900～1000 ℃、芯部温度1000～1400 ℃时进行大温度梯度轧制，变形容易渗透至铸坯芯部，可以显著消除连铸坯芯部疏松和缩孔等缺陷，明显提高铸坯的致密度。

Zhang等对厚板坯分别进行差温轧制和传统轧制，发现采用差温轧制工艺生产的厚板呈现出单鼓板型，采用传统轧制工艺生产的厚板呈现出双鼓板型，表明差温轧制显著提高了厚板芯部的变形渗透性。Yu等提出了温度梯度轧制（gradient temperature rolling，GTR）技术，用来提高特厚板的芯部质量，并采用有限元模拟计算和轧制试验相结合的方法，计算了特厚板厚度方向的等效应变分布。结果表明，GTR轧制能够明显提高芯部的变形程度，使特厚板呈现单鼓板型，采用均匀温度轧制（uniform temperature rolling，UTR）技术生产的特厚板呈现双鼓板型，如图1.10所示。

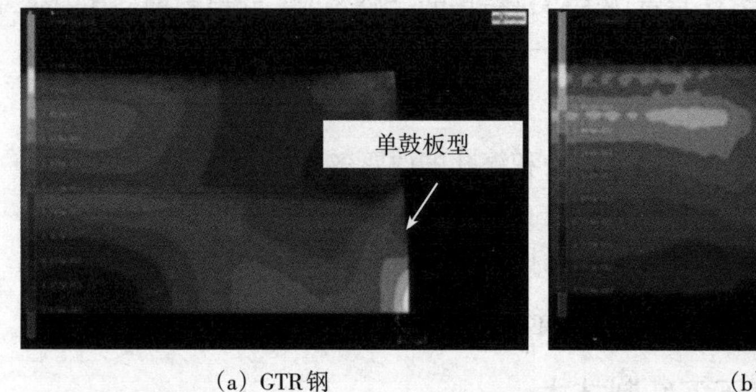

（a）GTR钢　　　　（b）UTR钢

图1.10　GTR和UTR有限元模拟结果

（2）提高组织均匀性。连铸过程中，铸坯内部极易形成粗大的柱状晶结构，不同方向的柱状晶相遇会形成弱面，容易引起应力集中，从而产生裂纹。对于热芯大压下轧制技术而言，轧制力使发达的柱状晶结构弯曲破碎，明显消除了弱面。此外，铸坯芯部具有较低的变形抗力，变形容易渗透至铸坯芯部，使芯部位错及亚结构等晶格畸变增加，有助于使铸态组织充分产生动态再结晶，使铸坯的芯部组织明显细化，显著提高铸坯厚度方向上的组织均匀性。热芯大压下轧制过程组织变化示意图如图1.11所示。

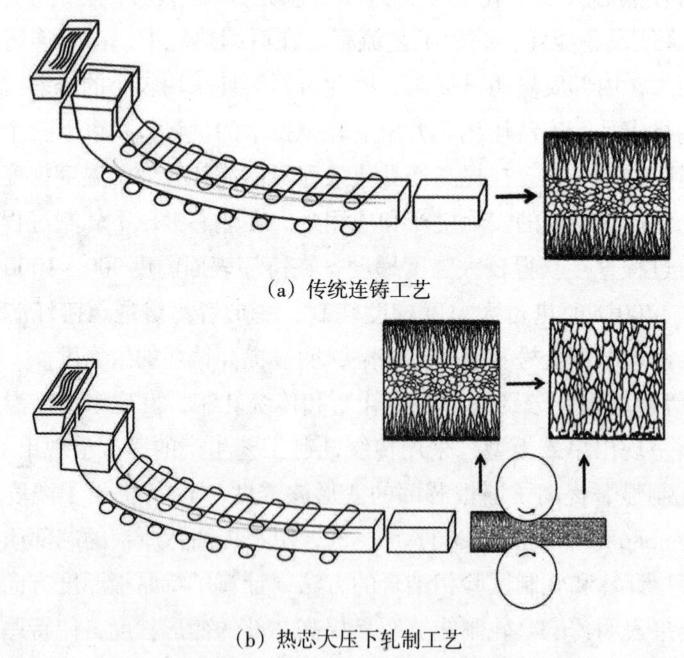

（a）传统连铸工艺

（b）热芯大压下轧制工艺

图1.11　热芯大压下轧制过程组织变化示意图

随着连铸坯厚度增加，铸坯厚度方向组织分布不均匀程度也会加剧。Li等采用有限元模拟软件，计算出50 mm厚的板坯表面至芯部的温度和冷速。结果表明，当表面冷速达到15 ℃/s时，1/4厚度处的冷速仅为4.5 ℃/s，而芯部的冷速只有2.2 ℃/s，随后芯部冷速又继续降低至1.3 ℃/s。温度场不均匀性会随着钢板厚度的增加而变得更加明显，使钢板厚度方向上的相变时间和相变类型产生极大的差异，进而导致钢板组织不均匀和力学性能不稳定。Ding等采用有限元数值模拟和轧制试验相结合的方法，研究了温度梯度和压下率对特厚板芯部变形程度和显微组织的影响。结果表明，随着温度梯度和压下率的增加，特厚板的组织均匀性和力学性能均匀性均得到明显提高。

Yu等对E40特厚板进行温度梯度轧制和均匀温度轧制，对比了两种轧制工艺下特厚板厚度方向的奥氏体再结晶晶粒尺寸、组织均匀性和力学性能。结果表明：在温度梯度轧制中，特厚板芯部和1/4厚度处奥氏体晶粒尺寸分别为25 μm和40 μm；在均匀温度轧制中，特厚板芯部和1/4厚度处奥氏体晶粒尺寸分别为126 μm和128 μm。温度梯度轧制使E40特厚板芯部奥氏体晶粒得到明显细化，使整个厚度方向上的组织均匀性得到明显提高。Xie等研究了温度梯度轧制对特厚板厚度方向组织均匀性和力学性能均匀性的影响。结果表明，温度梯度轧制显著细化了热轧板1/4厚度处和芯部的原始奥氏体晶粒，使淬火和回火组织中针状铁素体含量和大角度晶界体积分数明显提高，使最终成品厚度方向的力学性能均匀性也得到明显提高。

（3）细化微合金第二相粒子。在微合金钢连铸生产过程中，随着凝固过程的选分结晶，凝固界面前沿处的溶质元素易偏聚于二次枝晶臂之间。在随后的冷却过程中，大尺寸的微合金第二相粒子在枝晶间沉淀析出，降低了钢的热塑性。对于Nb-Ti微合金钢连铸坯而言，热芯大压下轧制能够在奥氏体基体中引入大量位错，促进微合金碳氮化物大量弥散析出，有效细化铸坯中的第二相粒子。

1.4 连铸坯高温黏塑性区流变力学行为

1.4.1 高温黏塑性本构模型

金属材料的本构关系是一种具有非线性的瞬态关系，且与变形过程和加载路径有关。钢在高温条件下的本构模型确定了应力、应变及应变速率的关系，是板坯内部力学状态变量计算的核心及关键。钢铁材料在高温变形过程中表现出明显的黏塑性，即应变随时间的增加而增大。钢铁材料高温黏塑性变形主要表现为蠕变和应力松弛，温度、时间、应力和组织结构等对钢铁材料的黏塑性均有显著影响。在金属材料黏塑性变形中，Okamura等认为塑性应变可分为与应变速率相关的蠕变部分和与应变速率无关的非蠕变部分。在计算过程中很难对两者进行明显区分，而是测量两者的总和（总塑性应变），这样可以更为精确地描述金属材料的流变特征。

钢铁材料的热变形本构模型受变形过程中位错的增殖、位错之间的相互作用、晶格畸变引起的加工硬化、动态回复和动态再结晶引起的软化等影响。目前，已有大量文献建立了钢铁材料高温黏塑性本构模型。Samantaray等采用高温压缩试验，研究了IFAC-1奥氏体不锈钢在900～1200 ℃条件下的变形行为，并对Zerilli-Armstrong本构模型和D8A本构模型进行对比分析。Mehtedi等根据Zener-Hollomon参数，建立了GCr15钢在应变速率0.1～10 s^{-1}和变形温度950～1150 ℃条件下的本构模型；Kim等根据Avrami公式研究了动态再结晶及动态软化对流变应力-应变曲线的影响，给出了适用于大应变和应变速率的本构模型。余伟等以95CrMo钢为研究对象，建立了一种同时考虑应变量补偿、变形温度补偿和应变速率补偿的本构模型。

上述有关钢在高温变形条件下本构模型的研究大多集中在1200 ℃以下，当热变形温度提高到1200 ℃以上时，钢的黏性特征明显增加，导致钢的高温流变力学行为也呈现出新的特性。由于钢铁材料的熔点很高，有关熔点附近金属变形行为的研究对实验设备的要求极高，因此，金属材料在1200 ℃～T_m、大变形条件下的力学本构模型及材料参数非常缺乏。目前，仅有少量文献针对钢铁材料在接近熔点温度、小应变条件下的高温力学行为进行研究。Zhang等采用Gleeble-1500D热力模拟试验机对超高强度低碳钢在高温（1200 ℃至糊状区）、小应变速率（小于10^{-2} s^{-1}）和小应变（小于10%）条件下进行了拉伸试验，建立了改进的Lemaître高温黏塑性本构模型，计算值和实测值具有很高的一致性，力-时间曲线计算结果和试验结果如图1.12所示。

有限元数值模拟技术在连铸和轧制领域发挥了重要作用。在数值模拟计算中，诸多问题的解决均依赖于准确计算产品内部力学特征参量的分布。Hojny等利用Gleeble-3800热力模拟试验机进行了高温拉伸试验，利用所得到的试验数据反算1425 ℃的应力-应变曲线，并结合有限元数值模拟计算，得到了1425 ℃时高温压缩试样变形前的温度分布、密度分布及变形后的应变分布。

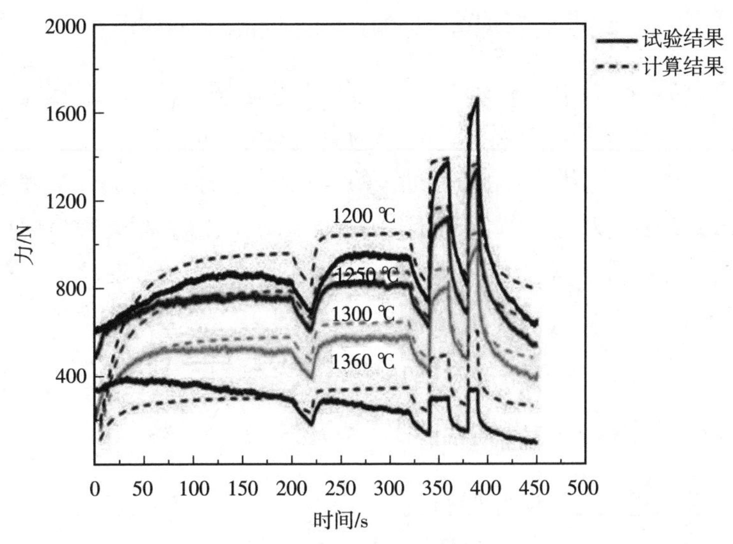

图1.12 力-时间曲线计算结果和试验结果

提高连铸坯的内部质量能够极大程度地提高钢材在使用中的安全性。从连铸坯热芯大压下轧制技术的工业设想和应用中可见，要想准确描述热芯大压下轧制过程中的变形行为，就要建立合适的高温黏塑性本构模型，通过有限元数值模拟计算，研究轧制变形对金属流变行为的影响。

Yang等[46]针对连铸坯重压下HR过程，通过热力模拟试验，建立了一种适合连铸坯重压下过程的本构模型，如式（1-1）所示，该模型能够准确描述连铸坯重压下过程中的变形行为。此外，还采用了有限元数值模拟的方法，准确计算出铸坯不同位置的温度分布和等效应变分布，如图1.13所示。

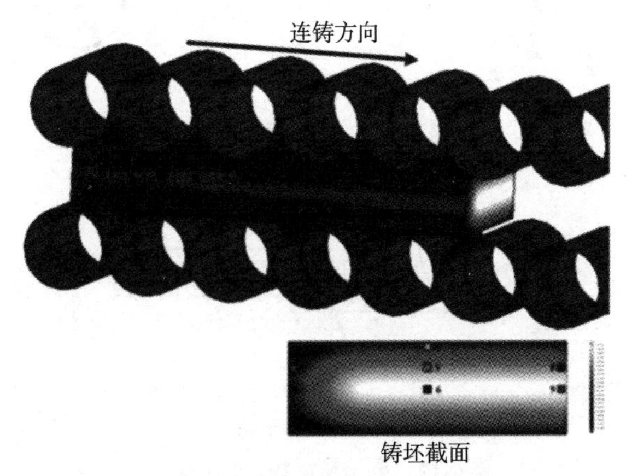

图1.13 三维热力耦合有限元模型

$$Z=\dot{\varepsilon}\exp\left(\frac{377995}{RT}\right)=2.607\times10^{12}\left[\sin(0.0195\sigma)\right]^{4.080} \tag{1-1}$$

式中，Z 为 Zener-Hollomon 参数；$\dot{\varepsilon}$ 为应变速率，s^{-1}；R 为气体常数，8.314 J/(mol·K)；T为绝对温度，K；σ为流变应力，MPa。

Zhao等建立了适用于HRPISP过程的本构方程来描述铸坯在凝固末端重压下过程中的变形行为，并结合Forge 3D和Thercast 3D有限元数值模拟，计算了铸坯辊列式重压下和单辊重压下过程的温度、应变和应变速率分布，如式（1-2）所示：

$$\varepsilon_{50\%}=0.031\dot{\varepsilon}^{0.106}\exp\left(\frac{31159}{RT}\right) \tag{1-2}$$

式中，R为气体常数，8.314 J/(mol·K)；T为绝对温度，K。

1.4.2 高温黏塑性区再结晶行为

奥氏体再结晶是指在变形组织中形成无畸变的等轴晶，直至变形组织完全消失的过程，不涉及晶体结构和化学成分的变化。奥氏体再结晶分为动态再结晶（dynamic recrystallization，DRX）、亚动态再结晶（metadynamic recrystallization，MDRX）和静态再结晶（static recrystallization，SRX），再结晶组织变化如图1.14所示。

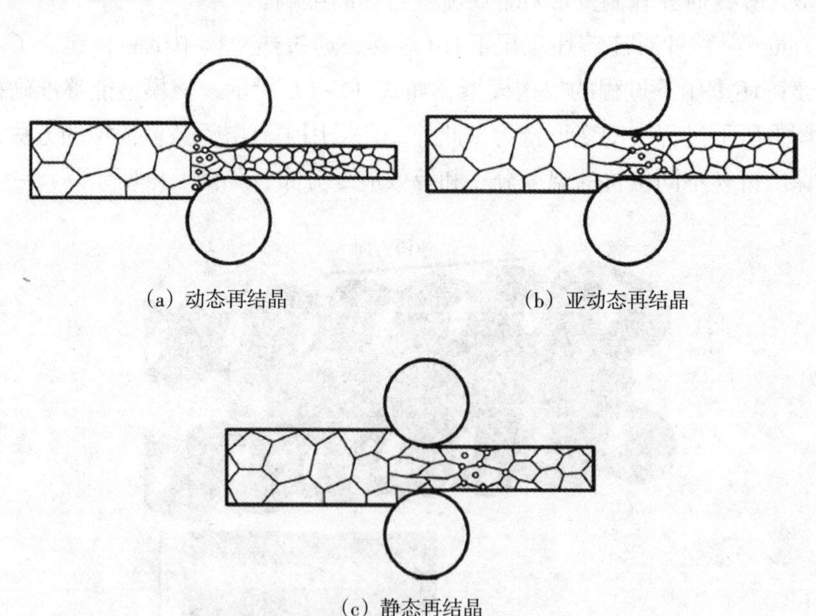

（a）动态再结晶　　（b）亚动态再结晶

（c）静态再结晶

图1.14　再结晶组织变化示意图

1.4.2.1 高温黏塑性区动态再结晶

在实际热轧生产中，通常在950～1200 ℃进行连续变形，通过动态再结晶来细化原始奥氏体晶粒。热变形过程中的动态再结晶是一个形核和长大的过程，并且具有很强的晶粒细化效果。奥氏体动态再结晶由Zener-Hollomon参数决定，如式（1–3）所示：

$$Z=\dot{\varepsilon}\exp\left(\frac{Q}{RT}\right) \tag{1–3}$$

式中，$\dot{\varepsilon}$为应变速率，s^{-1}；Q为热变形激活能，J/mol；R为气体常数，8.314 J/(mol·K)；T为绝对温度，K。

由式（1–3）可知，应变速率越小，变形温度越高，越有利于动态再结晶发生。对于低碳含Nb钢，Bowden等给出了奥氏体动态再结晶晶粒尺寸的计算公式，如式（1–4）所示：

$$D_{DRX}=2.26\times10^{4}Z^{-0.27} \tag{1–4}$$

式中，D_{DRX}为动态再结晶奥氏体晶粒尺寸，μm；Z为Zener-Hollomon参数。

李龙飞等的研究结果表明，奥氏体动态再结晶晶粒尺寸与Zener-Hollomon参数有关。增大Zener-Hollomon参数可降低奥氏体晶粒长大驱动力，获得细小的再结晶晶粒，而减小Zener-Hollomon参数可大大提高再结晶晶粒的长大动力学。周晓光等采用Gleeble–2000热模拟试验机研究了柔性化薄板坯连铸连轧（flexible thin slab rolling，FTSR）生产线低碳含Nb钢的动态软化行为，建立了适用于FTSR生产线的动态再结晶数学模型。陈礼清等采用回归法确定了低碳含V微合金钢的热变形激活能和表观应力指数，并根据应变硬化率与应力的P–J方法，结合高阶多项式拟合，精确确定了动态再结晶的临界应变值。

上述有关动态再结晶行为的研究主要集中在加工温度1200 ℃以下，而有关金属近熔点的变形参数对动态再结晶行为影响的研究还鲜有报道。随着连铸坯轻压下技术、重压下技术和热芯大压下轧制技术的进展，已有学者研究了钢铁材料在高温黏塑性区（1200 ℃～T_m）变形参数对动态再结晶行为和奥氏体动态再结晶晶粒尺寸的影响。

Zhao等采用单道次压缩热模拟试验，研究了HRPISP过程中的热变形行为和动态再结晶行为，建立了在变形温度950～1350 ℃和应变速率0.0001～1 s^{-1}条件下动态再结晶模型和奥氏体动态再结晶晶粒尺寸模型，并揭示了动态再结晶体积分数和奥氏体晶粒尺寸的变化规律，如式（1–5）和式（1–6）所示：

$$X_{\mathrm{DRX}}=1-\exp\left[-1.079\left(\frac{\varepsilon-\varepsilon_{\mathrm{c}}}{\varepsilon_{0.5}}\right)^{0.637}\right] \tag{1-5}$$

$$d_{\mathrm{DRX}}=649.253\dot{\varepsilon}^{-0.179}\exp\left(\frac{-35953}{RT}\right) \tag{1-6}$$

式中，ε为应变；ε_{c}为发生动态再结晶所需的临界应变；$\varepsilon_{0.5}$为动态再结晶分数达到50%的应变；$\dot{\varepsilon}$为应变速率，s^{-1}；R为气体常数，8.314 J/(mol·K)；T为绝对温度，K。

Yang等针对HR过程，通过热力模拟试验，对Laasraoui模型、Jonas模型、修正的Yoda模型和Liu模型进行对比分析，根据在变形温度900～1300 ℃和应变速率0.001～0.1 s^{-1}条件下的真应力-真应变曲线，建立了一种适用于HR过程的动态再结晶模型，如式（1-7）和式（1-8）所示。该模型能够准确描述铸坯在高温黏塑性区的动态再结晶行为和动态回复行为，并能够预测连铸坯在HR过程中的动态再结晶体积分数和动态再结晶奥氏体晶粒尺寸，如图1.15所示。

$$X_{\mathrm{DRX}}=1-\exp\left[-1.508\left(\frac{\varepsilon-\varepsilon_{\mathrm{c}}}{\varepsilon^{*}}\right)^{1.689}\right] \tag{1-7}$$

$$D_{\mathrm{DRX}}=2.861\times10^{4}Z^{-0.222} \tag{1-8}$$

式中，ε为应变；ε_{c}为临界应变；ε^{*}为动态再结晶速率达到最大时的应变；Z为Zener-Hollomon参数。

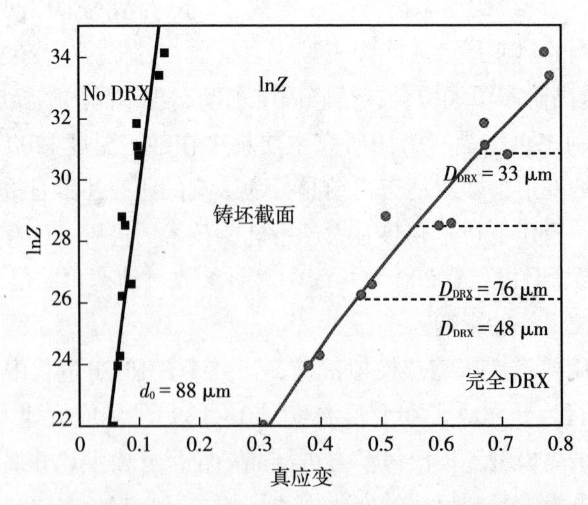

图1.15　不同Zener-Hollomon参数下的动态再结晶程度

1.4.2.2 高温黏塑性区亚动态再结晶

奥氏体亚动态再结晶是指变形过程中形成的动态再结晶晶核在变形结束后不需要经过孕育期而进一步长大的过程。通常，亚动态再结晶不需要重新形核，在变形停止后的亚动态再结晶动力学非常快，一般只需0.1～3 s，比传统的静态再结晶动力学大一个数量级。

许多研究者采用双道次压缩热模拟试验研究了金属材料的亚动态再结晶动力学和奥氏体亚动态再结晶晶粒转变规律。Lin等研究了变形温度和应变速率对42CrMo钢再结晶软化行为的影响，给出了42CrMo钢亚动态再结晶模型和$t_{0.5}$的表达式，如式（1-9）和式（1-10）所示。

$$X_{mdrec}=1-\exp\left[-0.693\left(\frac{t}{t_{0.5}}\right)^{0.65}\right] \tag{1-9}$$

$$t_{0.5}=7.1287\times10^{-9}\dot{\varepsilon}^{-0.5751}\exp\left(\frac{182288}{RT}\right) \tag{1-10}$$

式中，t为时间，s；$t_{0.5}$为静态再结晶分数达到50%的时间，s；$\dot{\varepsilon}$为应变速率，s^{-1}；R为气体常数，8.314 J/(mol·K)；T为绝对温度，K。

Chen等的研究结果表明在超高温和大应变条件下，较高的位错密度会使亚动态再结晶动力学明显加快，最终导致等轴状奥氏体晶粒发生快速粗化。Uranga等表明动态再结晶和亚动态再结晶在ε_c和$1.7\varepsilon_p$之间均可以发生，高温和大应变条件会明显提高动态再结晶和亚动态再结晶动力学。

1.4.2.3 高温黏塑性区静态再结晶

静态再结晶是指变形过程中未发生奥氏体动态再结晶，变形后的奥氏体经过一定的孕育期发生形核和长大，并最终形成等轴、无畸变的奥氏体组织。静态再结晶晶粒尺寸与应变、原奥氏体晶粒尺寸及温度密切相关。Lin等给出了42CrMo钢静态再结晶晶粒尺寸的表达式，如式（1-11）所示：

$$d_{srex}=215.6d_0^{0.078}\varepsilon^{-0.48}\dot{\varepsilon}^{-0.114}\exp\left(\frac{-28448}{RT}\right) \tag{1-11}$$

式中，d_0为原奥氏体晶粒尺寸，μm；ε为应变；$\dot{\varepsilon}$为应变速率，s^{-1}；T为绝对温度，K；R为气体常数，8.314 J/(mol·K)。

连铸坯在高温黏塑性区进行热芯大压下轧制，奥氏体晶粒会发生明显的动态再结晶、亚动态再结晶和静态再结晶。研究高温黏塑性区的奥氏体组织演变规律，建立拓展钢铁材料超高温热变形的数学模型，可为热芯大压下轧制过程制定和优化工艺参数，并为钢铁材料的高温黏塑性变形工艺提供理论指导。

1.4.3 微合金钢连铸过程析出行为

微合金第二相粒子的析出在钢铁材料中起着重要的作用，其最主要的作用是细化晶粒和沉淀强化。在Nb-Ti微合金钢连铸坯热芯大压下轧制中，除了对奥氏体组织进行控制，还需要充分考虑奥氏体中第二相粒子的析出行为。迄今为止，针对微合金第二相粒子在奥氏体中的析出行为，已经开展了大量工作，这些工作通过直接观察法、硬度法、电阻法、微蠕变法、应力松弛法、间断压缩法和热扭转法等跟踪监测析出物的形核和长大过程，建立了析出物在奥氏体区的析出动力学曲线（precipitation temperature time，PTT）。在连铸坯热芯大压下轧制过程中，轧制变形对微合金钢连铸坯第二相粒子析出行为的研究至今还未见报道。微合金钢连铸坯高温黏塑性区再结晶和析出的交互作用也是本书的重点研究内容。

高温塑性变形能够大大提高钢铁材料的变形储能，进而提高晶界和亚晶界的迁移能力，促进再结晶过程的进行。对于微合金钢连铸坯而言，除了应变、应变速率、温度和晶粒尺寸对再结晶具有明显的影响，钢铁材料中的溶质原子和第二相析出粒子对再结晶也有显著的影响。目前，已有大量研究结果表明，当微合金元素Nb和Ti大量偏聚在晶界或亚晶界上时，晶界的迁移需要挣脱溶质原子或带着溶质原子一起运动，这使晶界的迁移受到阻碍，迁移速率减慢，即第二相粒子的拖曳作用。此外，变形后的奥氏体在晶界或亚晶界上会发生第二相粒子应变诱导析出，显著钉扎奥氏体晶界，进而阻碍或延迟再结晶，即第二相粒子的钉扎作用，或称为Zener钉扎力。Vervynckt等研究了低碳微合金钢中Nb对奥氏体再加热、冷却和变形过程中再结晶行为的影响，采用试验观察和理论计算相结合的方法，研究了再结晶驱动力和析出钉扎力之间的关系，表明再结晶过程和析出过程具有明显的竞争关系。

连铸过程中各溶质元素的偏聚及后续冷却过程中的第二相粒子析出的尺寸、类型和分布对铸坯质量有很大影响。凝固过程中Nb和Ti等大量合金元素逐渐在枝晶间富集，导致大尺寸的微合金第二相粒子在枝晶间沉淀析出。这些大尺寸的析出物在奥氏体晶界处容易引起应力集中，破坏基体的连续性，引发孔洞等缺陷，从而对钢材的成型性、韧性及疲劳性能产生较大的危害。

Jun等指出连铸坯中析出粒子的形貌不同于铸坯再加热和轧制后的析出粒

子形貌，连铸过程中形成的粗大的（Nb，Ti）（C，N）析出粒子通常具有半枝晶状、枝晶状和短棒状形貌，如图1.16所示。

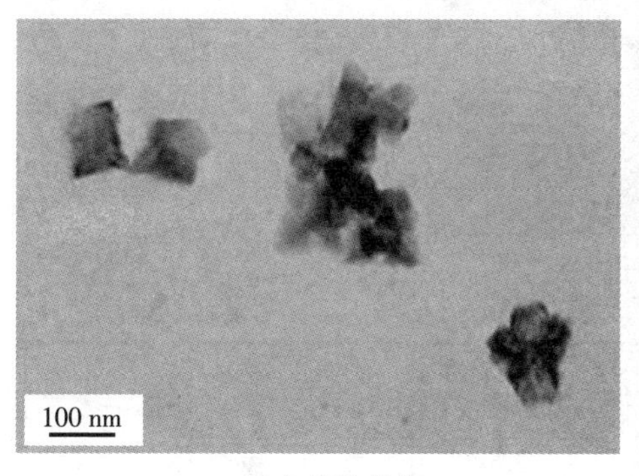

（a）半枝晶状

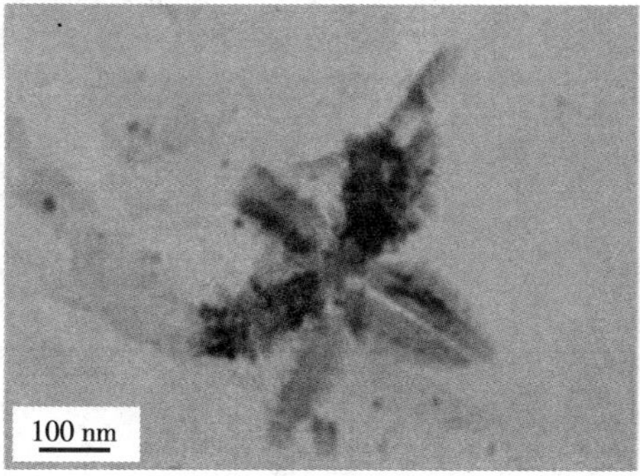

（b）枝晶状

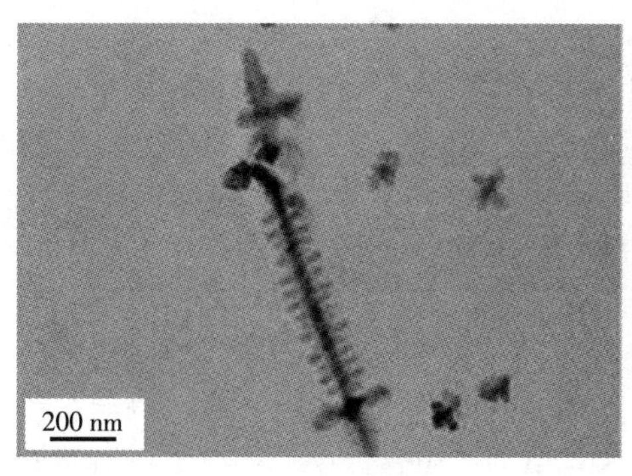

（c）短棒状

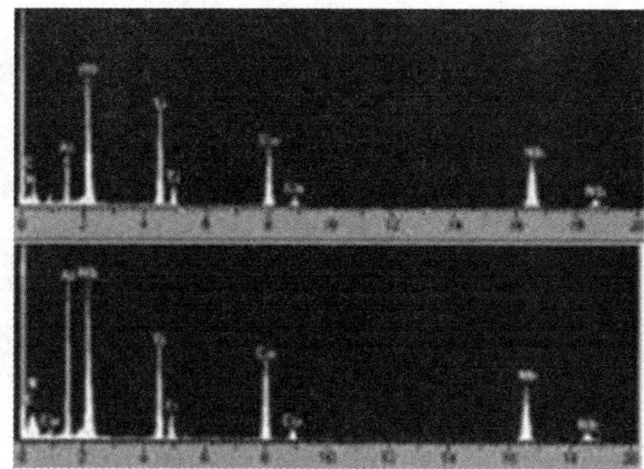

（d）析出粒子EDX谱

图1.16 连铸坯中析出粒子的形貌

铸坯组织中粗大的微合金第二相析出粒子会显著影响铸坯再加热后的奥氏体晶粒细化效果。Roy等指出连铸过程中大尺寸的微合金第二相粒子在枝晶间析出，会进一步影响铸坯再加热后的奥氏体晶粒尺寸。Davis等对不同成分体系的低碳高强钢在铸态和再加热后的第二相粒子的类型、尺寸和分布进行观察，发现铸态坯料中的析出粒子在枝晶和枝晶间呈现出不均匀分布特征，导致再加热后的奥氏体晶粒尺寸呈现双峰分布。Hong等在铸坯中观察到了枝晶状的（Nb，Ti）（C，N），这些具有枝晶形貌的碳氮化物在再加热过程中会重新固溶，随后在冷却过程中重新析出，析出位置主要在晶界和基体中，如图1.17所示。

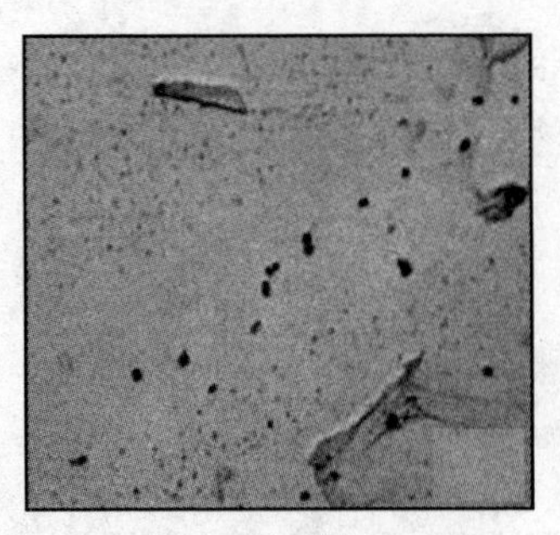

(a) 原始连铸坯1

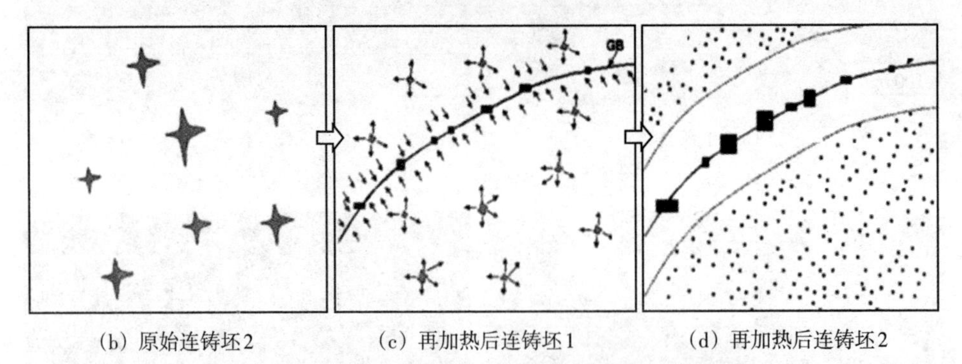

(b) 原始连铸坯2　(c) 再加热后连铸坯1　(d) 再加热后连铸坯2

图1.17　原始连铸坯及再加热后连铸坯析出粒子的形貌

Dyer等指出在低铌、中铌和高铌钢连铸坯中微合金第二相粒子的体积分数和尺寸与铸坯位置、不同凝固速率和合金元素的偏聚等有很大关系。铸坯表面和角部受到较强的冷却，使析出驱动力大大增加，微合金第二相粒子析出的最大量出现在铸坯的表面和角部位置，如图1.18所示。此外，在铸坯的凝固过程

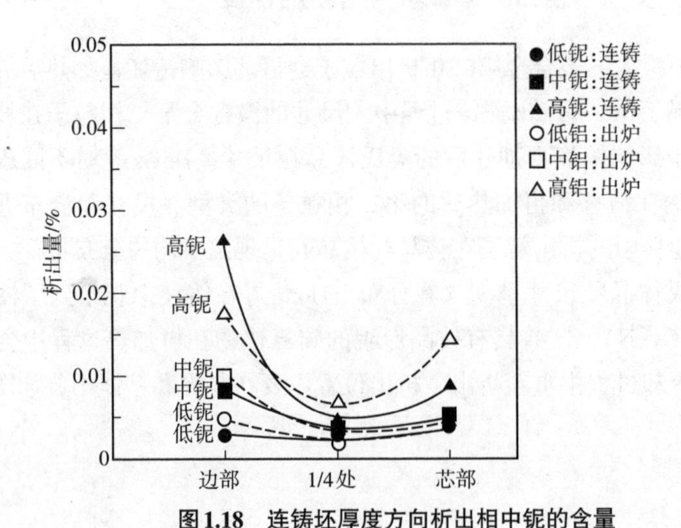

图1.18　连铸坯厚度方向析出相中铌的含量

中，C，N和Nb在铸坯凝固前沿处大量富集，在凝固期间很容易形成大尺寸且形状不规则的Nb的碳氮化物，它们在后续热加工过程中也难以完全溶解，使钢铁材料的断裂韧性和疲劳强度明显降低，显著降低了钢的热塑性。

微合金第二相粒子在钢中的固溶度积不同，析出温度也不同。图1.19为不同类型的第二相粒子在奥氏体中的固溶度积公式比较。在奥氏体中，TiN具有最低的固溶度积，NbN次之，NbC和TiC最高[123-125]。

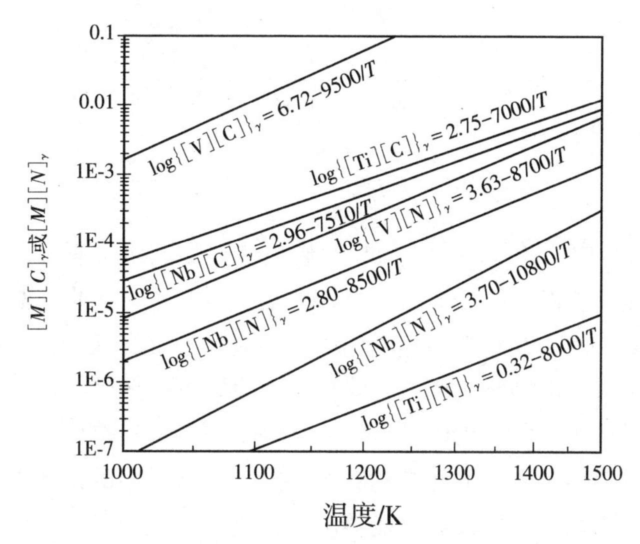

图1.19 微合金碳化物或氮化物在奥氏体中的固溶度积公式

图1.20为凝固过程中钛的析出粒子随温度变化的规律。TiN的固溶度积非常低，在钢的凝固初期开始析出。此外，TiN粒子具有非常粗大的尺寸，大多在50～500 nm之间，有的甚至达到微米级，一般呈正方形或长方形，通常在奥氏体晶界上形核和析出。由于TiN在较高温度开始析出，因此能在一定程度上起到阻碍奥氏体晶粒长大的作用。$Ti_4C_2S_2$并非独立形核和长大，而是TiS在原位置上通过消耗奥氏体基体上的Ti和S直接相变而形成，通常在1260 ℃的情况下开始析出。TiC在较低温度1050 ℃的情况下开始析出，其晶格结构是NaCl型面心立方结构，易与其他微合金元素Nb，V和Mo等形成复合析出粒子。VN的固溶度积很大，在高温下主要以固溶态存在。而对于NbC和TiC而言，在高温下也多以固溶态存在，因此并不会在钢的凝固过程中形成，而只会在凝固后期析出，且Nb对C和N的亲和力要强于S而弱于O。NbC，TiC和VC具有相对较为接近的固溶度积，因此在钢中的作用基本相同。这将使得Nb，Ti和V的碳化物在低温铁素体区能够大量析出，对钢铁材料起到显著的析出强化效果。

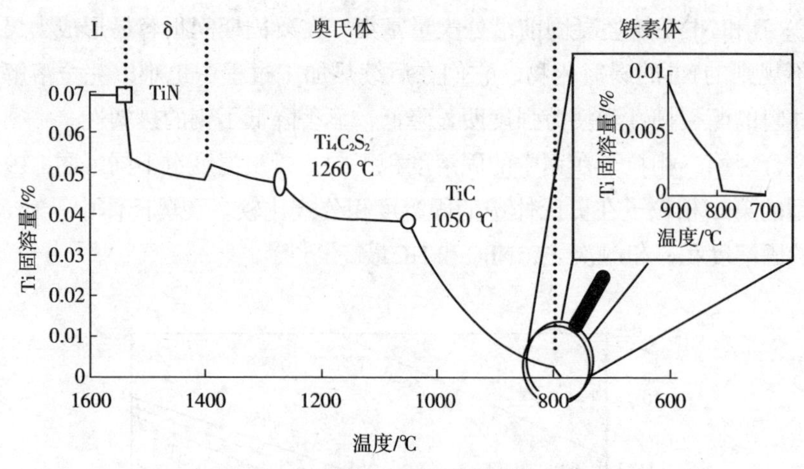

图1.20　凝固过程中固溶钛的析出相类型

在连铸过程中，铸坯的受热历程与轧制和热处理过程有很大不同。铸坯凝固过程中温降缓慢，所受应变较小，大量微合金碳氮化物在晶界析出，并且尺寸非常粗大，尤其当受到外力作用时，应力通常在这些粗大的析出粒子处集中，从而引发沿晶裂纹产生，降低了晶界裂纹敏感性和热塑性，并间接影响了铸坯再加热后的奥氏体晶粒尺寸，进而影响最终热轧成品的组织和力学性能。连铸坯热芯大压下轧制能够明显提高奥氏体中的位错密度，位错作为微合金第二相粒子的形核点，能够明显促进第二相粒子在整个基体中发生弥散析出，并能够明显减小铸坯中的第二相粒子尺寸，大大提高了铸坯的热塑性。

通过热芯大压下轧制技术使铸坯内部形成具有抗裂纹能力的组织，成为改善铸坯质量的关键之一。虽然热芯大压下轧制能够明显细化铸坯厚度方向上的显微组织，并改善铸坯中微合金第二相粒子的尺寸和分布，但是这种良好的组织状态能否继续遗传至连铸坯再加热后，甚至是热轧成品组织中，也是本书研究的重要方面。

1.5　本书研究意义及主要内容

1.5.1　本书研究的意义

连铸坯热芯大压下轧制技术，即在连铸机出口布置轧机，充分利用连铸坯表面温度低、芯部温度高的温度分布特征，进行单道次大压下量渗透轧制。热芯大压下轧制可使铸坯厚度方向发生动态再结晶并显著细化奥氏体晶粒，消除粗大树枝晶铸态组织，并促进微合金第二相粒子细小弥散析出，对铸坯厚度方向上组织不均匀、缩孔及疏松具有明显的改善效果。以热芯大压下轧制技术生产的连铸坯作为热轧板坯的原材料，可突破目前常规厚度板坯轧制压缩比的限制，能够在热轧生产线上以较小的压缩比生产高质量的常规厚板产品，因此连铸坯热芯大压下轧制技术极具应用前景。

目前，有关连铸坯压下技术的研究大多围绕如何改善中心偏析、芯部缩孔等低倍缺陷展开，而有关压下过程连铸坯显微组织演变和后续热加工显微组织遗传性与力学性能方面的机理尚不清晰。本书针对连铸坯热芯大压下轧制过程，从显微组织的角度系统研究Nb-Ti微合金钢连铸坯高温黏塑性区动态再结晶行为、动态再结晶奥氏体组织演变规律、微合金第二相粒子析出行为，并建立连铸坯组织跟踪、监测及评价体系，研究连铸坯再加热组织遗传性和力学性能的变化规律，对Nb-Ti微合金钢连铸坯热芯大压下轧制工艺的制定和优化具有理论指导意义。

1.5.2 本书研究的主要内容

微合金钢具有高强度、高韧性和良好的焊接性能，被广泛应用于建筑、桥梁、船舶、海洋平台等工程领域。本书选取Nb-Ti微合金钢作为研究对象，针对Nb-Ti微合金钢连铸坯在热芯大压下轧制过程中所涉及的高温黏塑性区物理冶金学问题，研究Nb-Ti微合金钢连铸坯高温黏塑性区动态再结晶行为、微合金第二相粒子析出行为，并研究连铸坯热芯大压下轧制和后续热加工过程中的组织遗传性和力学性能的变化规律，为制定和优化Nb-Ti微合金钢连铸坯工艺参数提供理论指导。具体研究内容如下：

（1）采用单道次压缩热模拟试验，系统研究了Nb-Ti微合金钢高温黏塑性区的金属流变行为，研究钢铁材料高温黏塑性区动态再结晶行为和奥氏体组织演变规律。

（2）采用双道次压缩热模拟试验，研究高温黏塑性区变形对Nb-Ti微合金钢第二相粒子析出行为的影响，阐明高温黏塑性区析出和再结晶的交互作用。

（3）采用Deform-3D软件建立Nb-Ti微合金钢连铸坯热芯大压下轧制三维黏塑性热力耦合有限元模型，对连铸坯热芯大压下轧制过程进行数值模拟，研究轧制温度、压下量等工艺参数对连铸坯厚度方向组织均匀性和再结晶体积分数的影响。

（4）开展Nb-Ti微合金钢连铸坯热芯大压下轧制、再加热和控轧控冷试验，研究热芯大压下轧制对Nb-Ti微合金钢连铸坯显微组织和微合金第二相粒子形貌及分布的影响，并建立连铸坯组织跟踪、监测及评价体系，研究热芯大压下轧制对最终热轧成品组织遗传性和力学性能的影响。

（5）开展Nb-Ti微合金钢热芯大压下轧制连铸坯装送试验，研究CC铸坯和CC-HHR²铸坯在不同装送工艺下的显微组织、微合金析出粒子及力学性能的变化规律。

第2章　Nb-Ti微合金钢高温黏塑性区流变行为与奥氏体动态再结晶

钢材常规热轧温度通常在1200 ℃以下，奥氏体再结晶是主要的组织细化机制，因此针对钢铁材料的高温流变行为和奥氏体再结晶行为的研究主要集中在800～1200 ℃这一温度区间。而在Nb-Ti微合金钢连铸坯热芯大压下轧制过程中，芯部温度最高可达1400 ℃，处于高温黏塑性区，在近熔点的高温黏塑性区的Nb-Ti微合金钢变形行为理论框架尚未建立，在高温黏塑性区施加大变形引起的动态再结晶，与1200 ℃以下的动态再结晶行为和奥氏体组织演变规律是否相同也尚不清晰。

本章系统研究了Nb-Ti微合金钢高温黏塑性区变形参数对金属热变形行为的影响，建立了高温黏塑性本构模型，揭示了高温黏塑性区流变行为规律；并建立了变形温度为1000～1350 ℃的奥氏体动态再结晶模型及其晶粒尺寸模型，阐明了高温黏塑性区变形奥氏体组织的演变规律。

2.1　实验材料及方法

本章采用MMS-200热力模拟试验机进行单道次压缩热模拟试验，热力模拟试验机设备如图2.1所示。Nb-Ti微合金钢采用低碳成分设计，复合添加Nb

图2.1　MMS-200热力模拟试验机

和Ti微合金元素，具有细晶强化和析出强化的作用，同时添加Ni，Cr和Cu等以起到固溶强化和提高耐腐蚀的目的，试验钢的化学成分如表2.1所列。

表2.1　Nb-Ti微合金钢化学成分（质量分数/%）

C	Si	Mn	P	S	Ni	Cr	Cu	Al	Nb	Ti	N
0.1	0.188	1.7	0.021	0.003	0.6	0.28	0.264	0.028	0.06	0.06	0.003

热模拟试样从Nb-Ti微合金钢连铸坯芯部切取，并加工成尺寸为Φ8 mm×15 mm的圆柱，热模拟试验工艺图如图2.2所示。根据热芯大压下轧制过程中铸坯温度变化范围，将试样以10 ℃/s的加热速率加热至近凝固温度1400 ℃并保温300 s，然后以冷却速率10 ℃/s将热模拟试样冷却至1350，1300，1200，1100，1000 ℃，继续保温15 s以消除试样内部的温度梯度，然后进行压缩变形，应变分别为0，0.2，0.5，0.8，应变速率分别为0.01，0.1，1，5，10 s^{-1}，变形结束后立即淬火。

将变形试样沿压缩轴线方向切开，经研磨、机械抛光后进行化学侵蚀以显示原始奥氏体晶界。腐蚀液为过饱和苦味酸、少量洗涤剂和蒸馏水，腐蚀温度为70 ℃，腐蚀时间为145 s。采用LEICA DMIRM光学显微镜（optical microscope，OM）观察试样剖面中心位置的奥氏体晶粒形貌，并利用Image-Pro Plus（IPP）软件测量动态再结晶奥氏体晶粒尺寸，为减小测量误差，采集了20张图片对奥氏体晶粒尺寸进行测量。

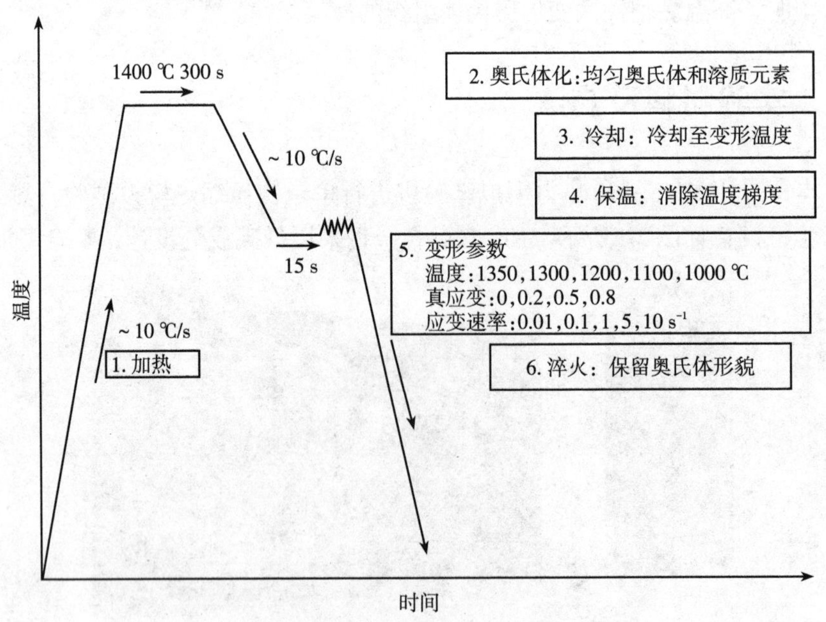

图2.2　单道次压缩试验工艺图

2.2　高温黏塑性本构模型

2.2.1　高温黏塑性区流变应力曲线

Nb-Ti微合金钢在不同变形条件下的真应力-真应变曲线如图2.3所示。图2.3（a）显示，在较低应变速率0.01 s^{-1}条件下，不同变形温度下的应力均随着应变的增加迅速上升并达到峰值，随后又明显降低，这说明试验钢在所研究的变形温度下均发生了动态再结晶。在变形的初始阶段，试验钢在塑性变形过程中产生大量晶格畸变，位错密度显著增加并引起加工硬化，导致应力迅速升高，曲线迅速上升。随着变形程度增加，变形产生的位错在热激活和外加应力作用下通过交滑移和攀移等运动方式使部分缺陷消失，试验钢发生回复和再结晶软化，应力呈下降趋势。

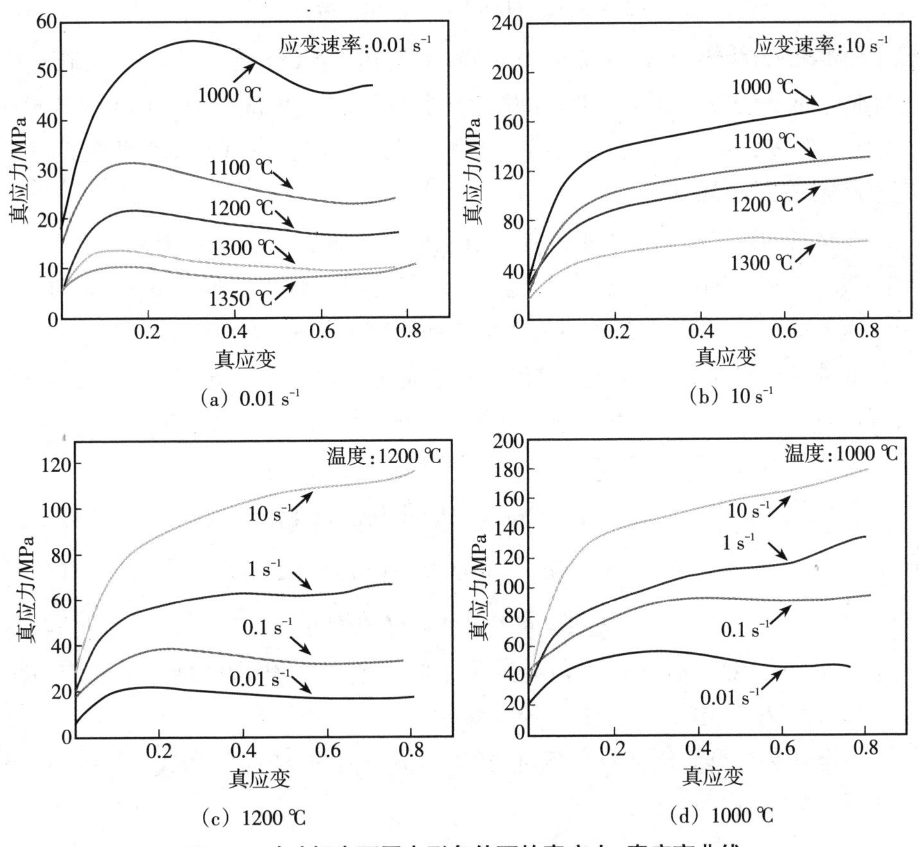

图2.3　试验钢在不同变形条件下的真应力-真应变曲线

图2.3（b）显示，试验钢在较高应变速率10 s^{-1}条件下，当变形温度为1000～1200 ℃时，应力随着应变的增加而增加，试验钢流变曲线表现为明显的硬化状态，在较高应变速率下，不会发生明显的软化，而当变形温度为1300 ℃时，应力随着应变的增加先增加再略微降低，这说明试验钢发生一定程度的动态再结晶。

试验钢应力除了受温度影响，受应变速率的影响也非常大。由图2.3（c）可知，在较高温度1200 ℃时，应力随着应变速率的减小而降低，这说明试验钢在低应变速率时动态再结晶软化更加明显。试验钢在较低温度1000 ℃时，应力随着应变速率的增加而增加，加工硬化现象明显，如图2.3（d）所示。

2.2.2 高温黏塑性区热变形本构模型

金属材料的热变形过程包含热激活产生的各种软化和硬化机制，其变形温度和应变速率对材料流变应力的影响可用式（2-1）表示：

$$Z=\dot{\varepsilon}\exp\left(Q/RT\right)=A\left[\sinh(\alpha\sigma)\right]^{n} \tag{2-1}$$

式中，A和α为材料常数；n为应力指数；Q为热变形激活能，J/mol，反映塑性变形时应变硬化与动态软化过程之间的平衡关系；R为气体常数，8.314 J/(mol·K)；T为绝对温度，K；$\dot{\varepsilon}$为应变速率，s^{-1}；σ为流变应力，MPa，本书取峰值应力；Z为Zener-Hollomon参数。

在材料的再结晶温度以上的加工过程称为热加工，金属材料的热加工是一个热激活过程，因此该过程中的显微组织演变将依赖于变形温度T、应变ε和应变速率$\dot{\varepsilon}$。σ，T，$\dot{\varepsilon}$之间的关系是热加工变形的本构方程，σ，T，$\dot{\varepsilon}$之间关系的数学模型主要有以下三种形式：在低应力水平下，σ，T，$\dot{\varepsilon}$之间的关系可用式（2-2）表示；在高应力水平下，σ，T，$\dot{\varepsilon}$的关系可用式（2-3）表示；在全应力水平下，σ，T，$\dot{\varepsilon}$的关系可用式（2-4）表示：

$$\dot{\varepsilon}=A_1\sigma^{n_1}\exp\left[-Q/(RT)\right]\ (\alpha\sigma<0.8) \tag{2-2}$$

$$\dot{\varepsilon}=A_2\exp(\beta\sigma)\exp[-Q/(RT)]\ (\alpha\sigma>1.2) \tag{2-3}$$

$$\dot{\varepsilon}=A[\sinh(\alpha\sigma)]^{n}\exp[-Q/(RT)] \tag{2-4}$$

式中，A，A_1，A_2，n_1，β均为与温度无关的常数；n为应力指数；α为应力因子，其值为β/n_1，MPa^{-1}，与钢种的成分有关。

为得到热变形激活能Q，必须先确定α值。由式（2-2）和式（2-3）可得到式（2-5）和式（2-6）：

$$\ln\dot{\varepsilon}=\ln A_1+n_1\ln\sigma-Q/(RT) \tag{2-5}$$

$$\ln\dot{\varepsilon}=\ln A_2+\beta\sigma-Q/(RT) \tag{2-6}$$

由式（2-5）和式（2-6）可知：在低应力水平下，$\ln\sigma$和$\ln\dot{\varepsilon}$成线性关系，绘制出$\ln\dot{\varepsilon}-\ln\sigma$图，并采用最小二乘法进行线性回归，得到Nb-Ti微合金钢在不同变形温度下的n_1值，其平均值为5.424，如图2.4（a）所示。在高应力水平下，σ和$\ln\dot{\varepsilon}$成线性关系，绘制$\ln\dot{\varepsilon}-\sigma$图，得到Nb-Ti微合金钢在不同温度下的$\beta$值，其平均值为0.082 MPa^{-1}，如图2.4（b）所示。因此，α值确定为0.0152 MPa^{-1}。

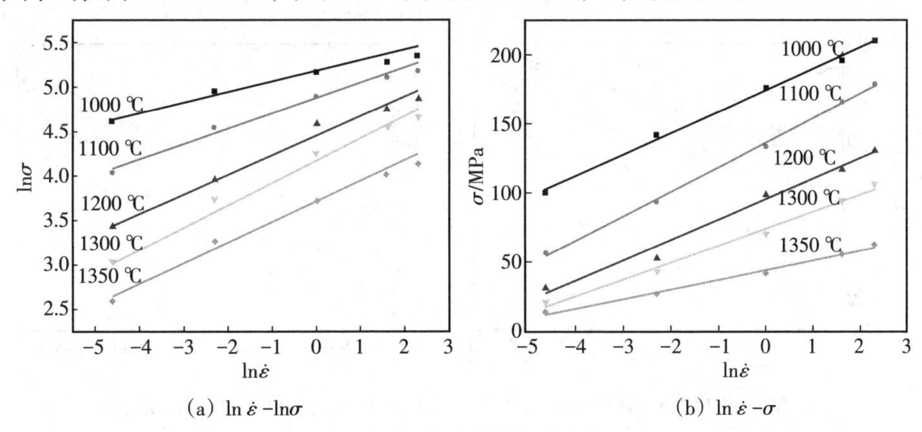

（a）$\ln\dot{\varepsilon}-\ln\sigma$　　（b）$\ln\dot{\varepsilon}-\sigma$

图2.4　试验钢应力与应变速率的关系

对式（2-1）两边取对数并分别对$\ln\dot{\varepsilon}$和$1/T$求偏微分可得到式（2-7）。在温度恒定的条件下，$\ln[\sinh(\alpha\sigma)]$与$\ln\dot{\varepsilon}$满足线性关系，其斜率的倒数为n值。将$\ln[\sinh(\alpha\sigma)]$与$\ln\dot{\varepsilon}$的试验值进行线性回归，可以求得Nb-Ti微合金钢的n值为3.78，如图2.5（a）所示。同理，在应变速率恒定的条件下，$\ln[\sinh(\alpha\sigma)]$与$10000/T$也满足线性关系，将相应的试验值进行线性回归，求得其斜率的倒数b为10526.6，如图2.5（b）所示。

$$Q=R\left[\frac{\partial\ln\sinh(\alpha\sigma)}{\partial(1/T)}\cdot\frac{\partial\ln\dot{\varepsilon}}{\partial\ln\sinh(\alpha\sigma)}\right] \tag{2-7}$$

将α，n和b的值代入式（2-7）中，得到Q值为331.293 kJ/mol。将不同变形条件下的参数代入式（2-1），得到A值为4.92303×10^{11}。因此，Nb-Ti微合金钢在1000～1350 ℃的高温黏塑性本构模型可由式（2-8）表示：

$$\dot{\varepsilon}=4.92303\times10^{11}\left[\sinh(0.015\sigma_{\mathrm{p}})\right]^{3.78}\exp\left(\frac{-331293}{RT}\right) \tag{2-8}$$

式中，σ_{p}为峰值应力，MPa。

金属材料在热加工过程中，一方面，变形使位错不断增殖和积累，另一方面，在通过热激活发生应变硬化的同时还会发生动态回复和软化，这两类相反的过程取决于金属材料的应变、应变速率和变形温度等因素。Zener-Holomon

参数表示变形温度和应变速率对变形过程的综合作用，用来判断奥氏体动态再结晶能否发生。在热加工时，材料中的位错必须积累到一定程度才能形成动态再结晶核心，即需要经历一定的应变才会发生动态再结晶。在应变一定的条件下，变形温度越高，应变速率越小，Zener-Holomon参数越小，再结晶所需的驱动力越小，动态再结晶越容易发生。图2.6为ln$Z$与ln[sinh($\alpha\sigma$)] 的关系图及其线性回归图，其线性相关系数为0.9894。

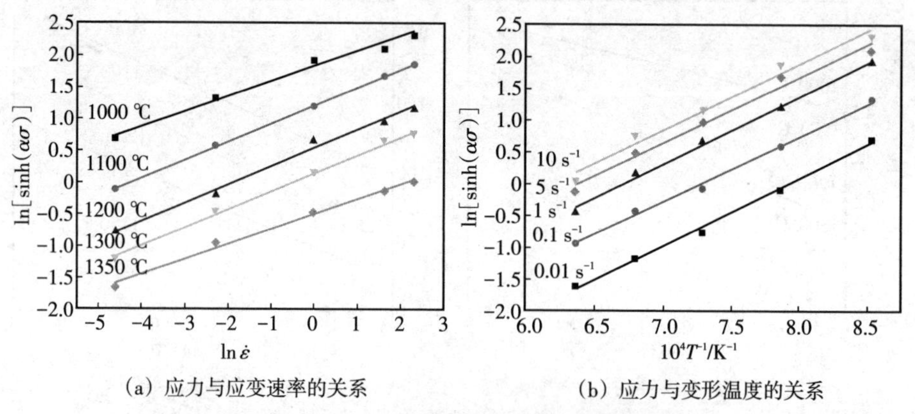

(a) 应力与应变速率的关系　　(b) 应力与变形温度的关系

图2.5　试验钢应力与应变速率和变形温度的关系

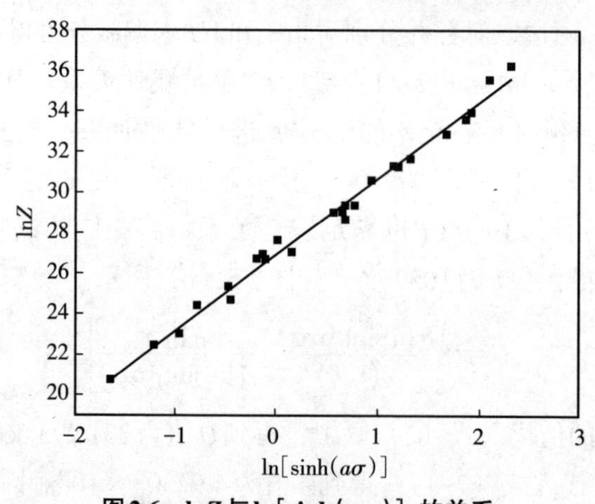

图2.6　ln$Z$与ln[sinh($\alpha\sigma$)] 的关系

2.3　高温黏塑性区动态再结晶行为

2.3.1　高温黏塑性区动态再结晶临界条件

当变形进行到一定程度后，变形组织内部的位错密度达到一定的临界值，就开始发生动态再结晶。加工硬化率 θ 与应力 σ 之间的关系间接揭示了材料在变形过程中的微观组织变化。由动力学临界条件可推导出，当$\theta-\sigma$曲线出现拐点或$(-\mathrm{d}\theta/\mathrm{d}\sigma)-\sigma$曲线取最小值时，开始发生动态再结晶，即可得到动态再结晶临界应变值。为了避免数据波动对运算产生影响，对真应力-真应变曲线用六次多项式函数进行拟合，再进行微分运算，得到Nb-Ti微合金钢在不同变形条件下的临界应变值和峰值应变值，结果如表2.2所列。

表2.2　不同变形条件下试验钢的临界应变和峰值应变

温度/°C	$\dot{\varepsilon}=0.01\ \mathrm{s}^{-1}$		$\dot{\varepsilon}=0.1\ \mathrm{s}^{-1}$		$\dot{\varepsilon}=1\ \mathrm{s}^{-1}$		$\dot{\varepsilon}=5\ \mathrm{s}^{-1}$		$\dot{\varepsilon}=10\ \mathrm{s}^{-1}$	
	ε_c	ε_p	ε_c	ε_p	ε_c	ε_p	ε_c	ε_p	ε_c	ε_p
1000	0.140	0.280	0.141	0.438	0.172	0.441	0.174	0.478	0.181	0.498
1100	0.125	0.266	0.131	0.304	0.165	0.436	0.167	0.451	0.176	0.474
1200	0.071	0.177	0.106	0.226	0.124	0.386	0.139	0.367	0.142	0.386
1300	0.055	0.133	0.099	0.191	0.118	0.282	0.135	0.295	0.138	0.314
1350	0.041	0.121	0.078	0.169	0.096	0.257	0.112	0.278	0.124	0.293

试验钢在应变速率0.01 s^{-1}，不同变形温度下的$\theta-\sigma$曲线和$(-\mathrm{d}\theta/\mathrm{d}\sigma)-\sigma$曲线如图2.7所示。在$\theta-\sigma$曲线中，通过曲线中的拐点可以确定试验钢的峰值应力值σ_p和峰值应变值ε_p，如图2.7（a）所示。由于通过拐点确定的临界应力值σ_c和临界应变值ε_c会产生较大误差，因此在（$-\mathrm{d}\theta/\mathrm{d}\sigma$）$-\sigma$曲线中，可通过曲线中的最低点准确确定临界应力值$\sigma_c$和临界应变值$\varepsilon_c$，如图2.7（b）所示。

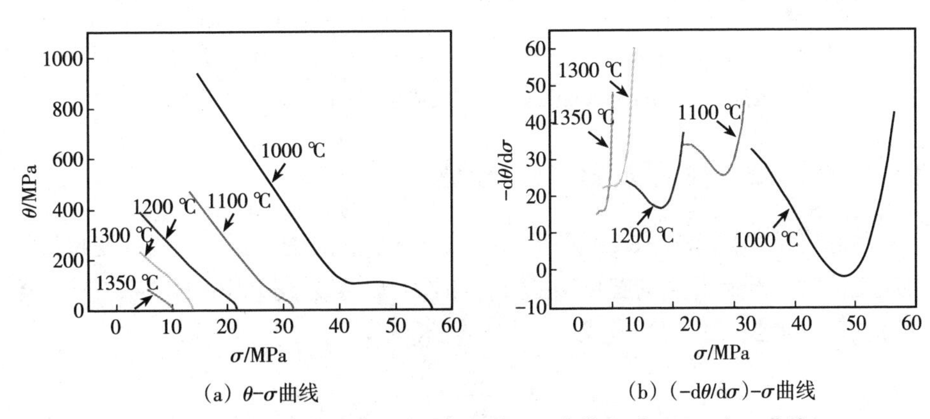

（a）$\theta-\sigma$曲线　（b）$(-\mathrm{d}\theta/\mathrm{d}\sigma)-\sigma$曲线

图2.7　试验钢在应变速率0.01 s¹时的$\theta-\sigma$曲线和（$-\mathrm{d}\theta/\mathrm{d}\sigma$）$-\sigma$曲线

当变形使位错密度达到一定临界值时就形成了动态再结晶核心，随着动态再结晶晶粒长大，动态再结晶发生加工硬化，在晶粒中部的位错密度较高，在晶粒中形成位错密度梯度，动态再结晶继续长大，晶粒内部的位错密度逐渐变得均匀。由表2.2可知，试验钢在应变速率为0.01 s^{-1}，变形温度为1350，1300，1200，1100，1000 ℃时的临界应变值分别为0.041，0.055，0.071，0.125，0.140，峰值应变值分别为0.121，0.133，0.177，0.266，0.280。在较高温度(1200~1350 ℃)时的临界应变值较小，表明动态再结晶在很小的应变下就可以发生。

再结晶动力学和奥氏体晶粒尺寸能够通过Zener-Hollomon参数反映出来。图2.8为Nb-Ti微合金钢再结晶临界应变和峰值应变与Zener-Hollomon参数的关系图，通过线性回归分析，可得它们之间的关系，如式（2-9)至式(2-11）所示：

$$Z = \dot{\varepsilon}\exp\left(\frac{331293}{RT}\right) \tag{2-9}$$

$$\varepsilon_c = 0.02375Z^{0.0619} \tag{2-10}$$

$$\varepsilon_p = 0.01610Z^{0.1088} \tag{2-11}$$

式中，ε_c为临界应变；ε_p为峰值应变。

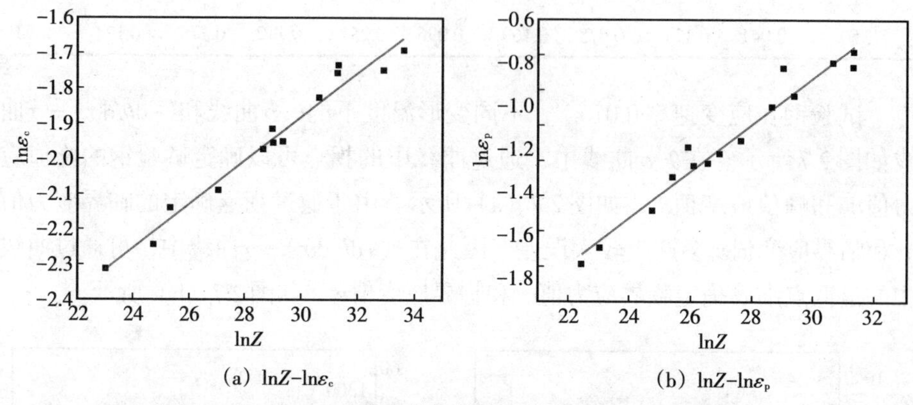

(a) $\ln Z$-$\ln\varepsilon_c$　(b) $\ln Z$-$\ln\varepsilon_p$

图2.8　Zener-Hollomon参数与临界应变和峰值应变的关系

2.3.2　高温黏塑性区动态再结晶模型

动态再结晶体积分数X可用来描述动态再结晶的进行程度。当应变超过临界应变值时，开始发生动态再结晶形核和长大。热变形过程中的动态再结晶体积分数可以由式（2-12）至式（2-14）表示：

$$X_d = \frac{\sigma_{rec} - \sigma}{\sigma_{sat} - \sigma_s} \tag{2-12}$$

式中，X_d为再结晶体积分数；σ和σ_s分别为动态再结晶型曲线的瞬时应力和稳态应力，MPa；σ_{rec}和σ_{sat}分别为动态回复型曲线的瞬时应力和稳态应力，MPa。以上应力值可通过对$\varepsilon<\varepsilon_c$时的真应力-真应变曲线进行非线性拟合和外

插得到。

$$\sigma=\sqrt{\sigma_{sat}^{2}+\left(\sigma_{0}^{2}-\sigma_{sat}^{2}\right)\exp(-\Omega\varepsilon)} \tag{2-13}$$

式中，σ_0为初始应力，MPa；Ω为动态回复系数，其值与动态回复型曲线形状有关。

根据JMA（Johnson-Mehl-Avrami，JMA）方程，Nb-Ti微合金钢的高温黏塑性区动态再结晶模型可由式（2-14）表示：

$$X=1-\exp\left[-k\left(\frac{\varepsilon-\varepsilon_c}{\varepsilon_p}\right)^n\right] \tag{2-14}$$

式中，k为材料常数；n为Avrami指数。

由式（2-14）变换得到$\ln[-\ln(1-X)]$与$\ln[(\varepsilon-\varepsilon_c)/\varepsilon_p]$的关系曲线，如图2.9所示。图2.9显示每条直线相互不平行，说明不同条件下的n值和k值不是常数。

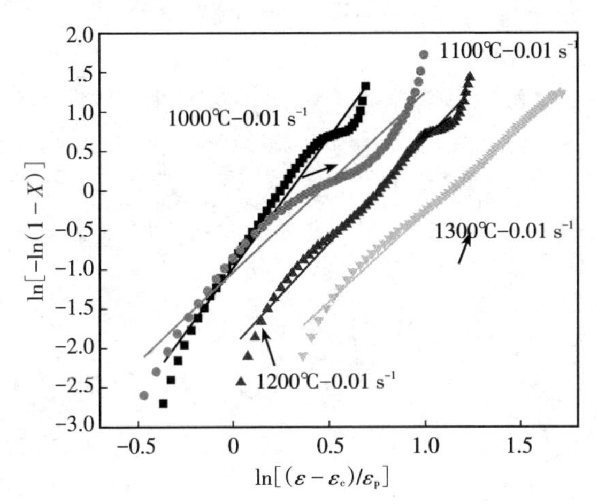

图2.9 $\ln[-\ln(1-X)]$ 与 $\ln[(\varepsilon-\varepsilon_c)/\varepsilon_p]$ 的关系曲线

对各变形条件下的n值和k值取平均值，得到Nb-Ti微合金钢的高温黏塑性区动态再结晶模型，可由式（2-15）表示：

$$X=1-\exp\left[-0.38456\left(\frac{\varepsilon-\varepsilon_c}{\varepsilon_p}\right)^{4.442}\right] \tag{2-15}$$

2.3.3 高温黏塑性区奥氏体组织演变规律

2.3.3.1 变形温度对奥氏体组织的影响

图2.10显示了Nb-Ti微合金钢在应变0.8，应变速率0.01 s^{-1}，不同变形温

度下的奥氏体组织，并采用截线法对不同变形温度下的奥氏体晶粒尺寸进行测量。由图2.10可知，变形温度从1000 ℃升高至1350 ℃，奥氏体晶粒均呈等轴状，在该温度区间，奥氏体均发生了动态再结晶，且奥氏体晶粒呈增大趋势，奥氏体晶粒尺寸从72 μm增加至363 μm，说明变形温度对奥氏体组织转变具有很大影响。

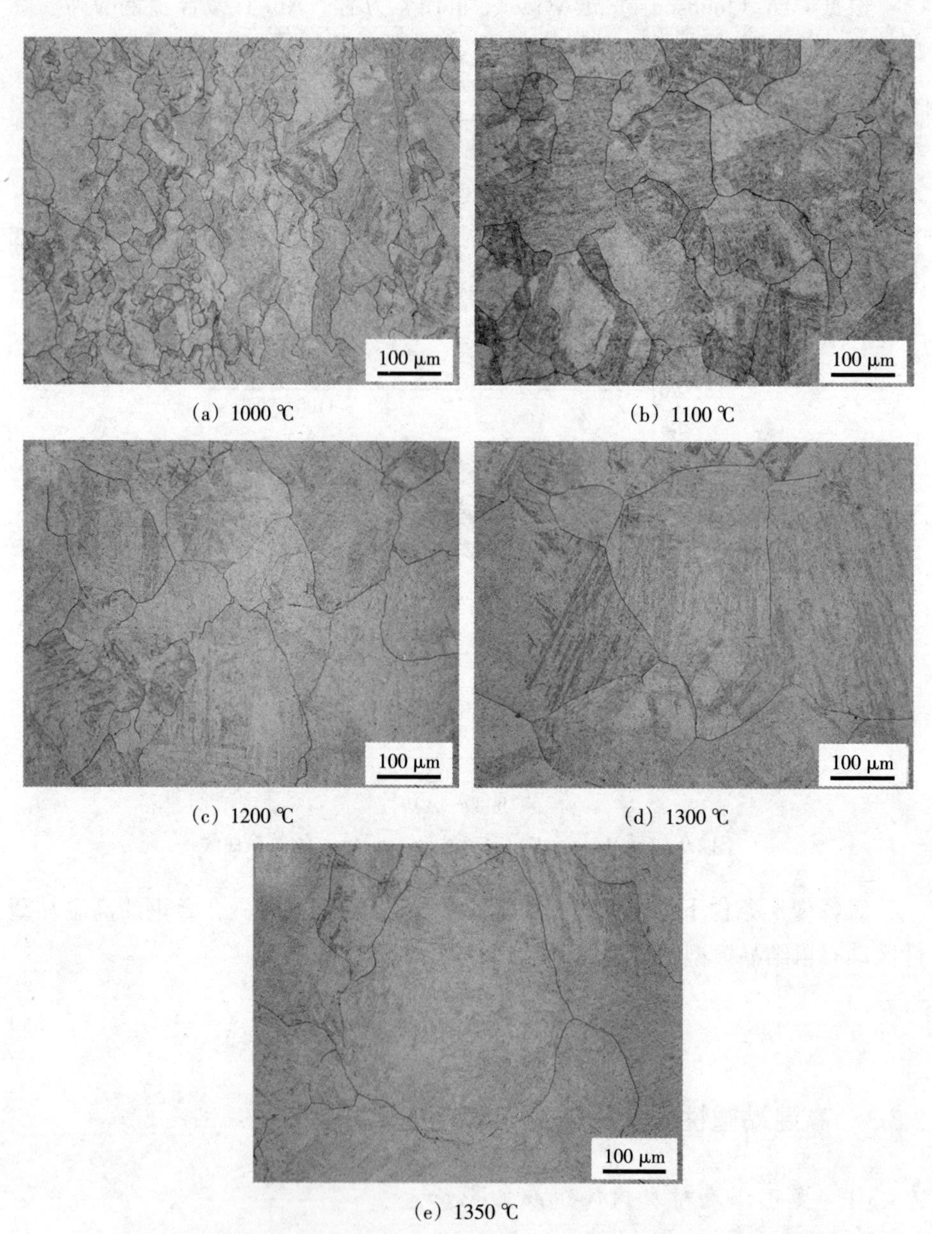

（a）1000 ℃ （b）1100 ℃

（c）1200 ℃ （d）1300 ℃

（e）1350 ℃

图2.10 应变0.8和应变速率0.01 s^{-1}时不同变形温度下试验钢的奥氏体组织

2.3.3.2　应变对奥氏体组织的影响

图2.11显示了试验钢在变形温度1000 ℃，应变速率1 s^{-1}时，不同应变条件下的奥氏体组织。不同应变条件下奥氏体晶粒尺寸测量结果如图2.12所示。图2.11（a）显示，试验钢在1400 ℃保温180 s后冷却至1000 ℃淬火，奥氏体晶粒非常粗大，尺寸约为597 μm，接近铸态组织尺寸，说明未变形奥氏体晶粒在冷却过程中不能得到明显细化。当应变为0.2时，奥氏体晶粒明显细化并呈现等轴状形貌，但晶粒大小分布不均匀，如图2.11（b）所示。在较低变形温度（1000 ℃）和较小应变（0.2）的条件下，再结晶驱动力较低，动态再结晶的临界应变值较大，动态再结晶在达到临界应变值后不会立即发生。此外，含有Nb，Ti的微合金第二相粒子在冷却过程中会不可避免地发生析出，细小的微合金第二相粒子能有效钉扎奥氏体晶界，大大降低奥氏体晶界的迁移速率，延迟奥氏体再结晶过程，导致应变0.2的奥氏体晶粒细化程度有限。

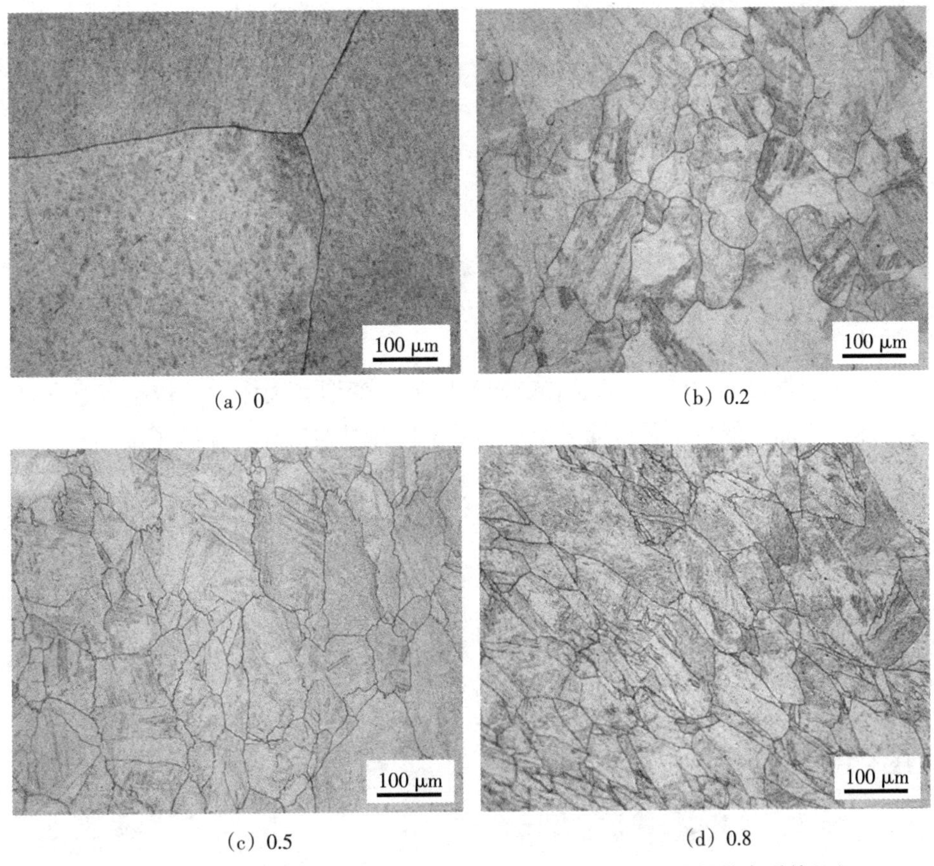

（a）0　（b）0.2

（c）0.5　（d）0.8

图2.11　变形温度1000 ℃和应变速率1 s^{-1}时不同应变下试验钢的奥氏体组织

图2.11（c）显示，当应变继续增加至0.5时，奥氏体晶粒尺寸明显减小且分布均匀，奥氏体晶粒由等轴状形貌转变为平直状形貌，晶粒发生明显的加工硬化，晶粒尺寸随着应变的增加继续减小至约88 μm。由于微合金第二相粒子钉扎奥氏体晶界，因此硬化的奥氏体晶粒很难进一步发生软化。图2.11（d）显示，当应变继续增加至0.8时，奥氏体晶粒尺寸约为68 μm，奥氏体硬化程度继续增加，奥氏体晶粒被严重拉长，晶格畸变更加严重。随着应变的增加，微合金第二相粒子的钉扎作用越强，奥氏体晶界迁移越不明显。

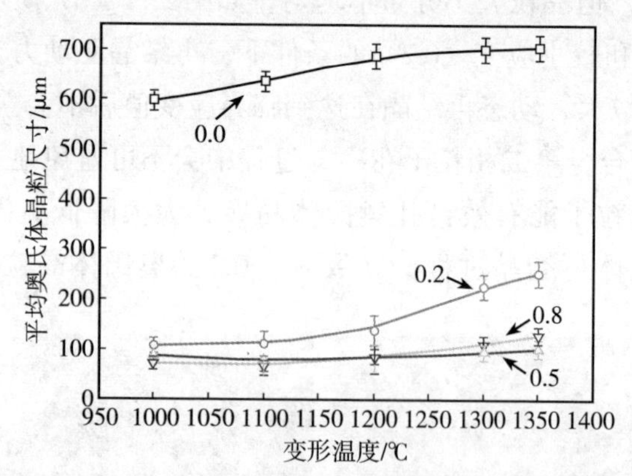

图2.12　应变和温度对试验钢奥氏体晶粒尺寸的影响

图2.13显示了试验钢在变形温度1100 ℃，应变速率1 s^{-1}时，不同应变条件下的奥氏体组织。图2.13（a）显示，当应变为0时，奥氏体晶粒非常粗大。当应变从0.2增加至0.8时，奥氏体晶粒明显细化，且奥氏体晶粒形貌均为等轴状，如图2.13（b）（c）（d）所示。

在变形温度1100 ℃下，随着应变的增加，变形奥氏体中的位错密度和形核率逐渐增加，促进了单位面积上更多的奥氏体晶粒形核，获得了细小的奥氏

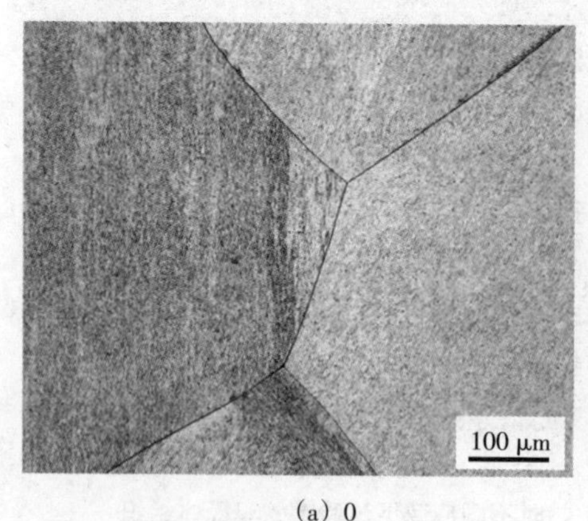

（a）0

（b）0.2

(c) 0.5　　　　(d) 0.8

图2.13　变形温度1100 ℃和应变速率1 s^{-1}时不同应变下试验钢的奥氏体组织

体晶粒，这些细小的等轴状奥氏体晶粒均匀分布在基体中。由于在1100 ℃时奥氏体发生动态再结晶的临界应变值有所减小，奥氏体发生动态再结晶所需的驱动力较低，因此奥氏体在较高温度1100 ℃时更容易发生动态再结晶。

图2.14显示了试验钢在变形温度1300 ℃，应变速率1 s^{-1}时，不同应变条件下的奥氏体组织。图2.14（a）（b）（c）显示：当应变为0时，奥氏体晶粒非常粗大，奥氏体晶粒尺寸约为701 μm；当应变为0.2时，奥氏体形貌呈等轴状形貌，尺寸减小至约226 μm；当应变增加至0.5时，奥氏体晶粒尺寸进一步减小至约96 μm。随着应变的增加，位错密度增加到临界应变值时开始发生动态再结晶，奥氏体形核率逐渐增加，奥氏体晶粒得到明显细化。但是，当应变继续增加至0.8时，奥氏体晶粒尺寸约为110 μm，与应变0.5的奥氏体晶粒尺寸相比，应变0.8的奥氏体晶粒尺寸并没有进一步减小，反而发生了一定程度的增大，如图2.14（d）所示。

(a) 0　　　　(b) 0.2

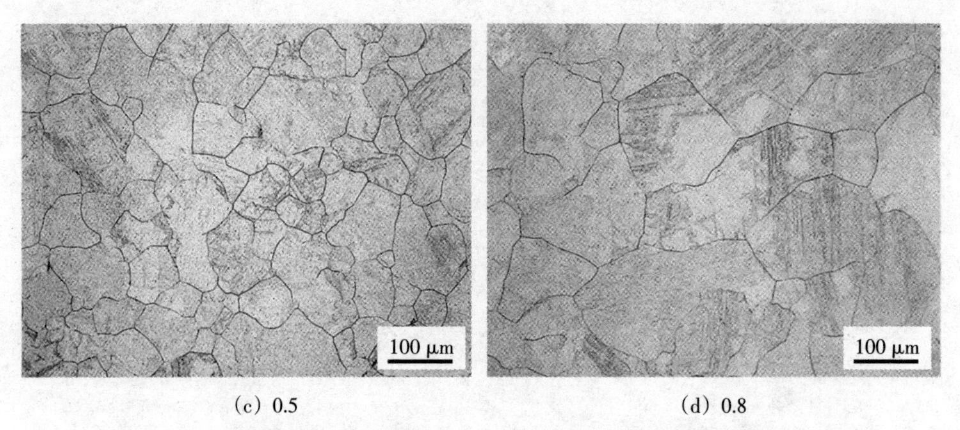

（c）0.5　　（d）0.8

图2.14　变形温度1300 ℃和应变速率1 s^{-1}时不同应变下试验钢的奥氏体组织

图2.15显示了试验钢在变形温度1350 ℃，应变速率1 s^{-1}时，不同应变条件下的奥氏体组织。图2.15（a）（b）（c）（d）显示，当应变分别为0，0.2，0.5，0.8时，

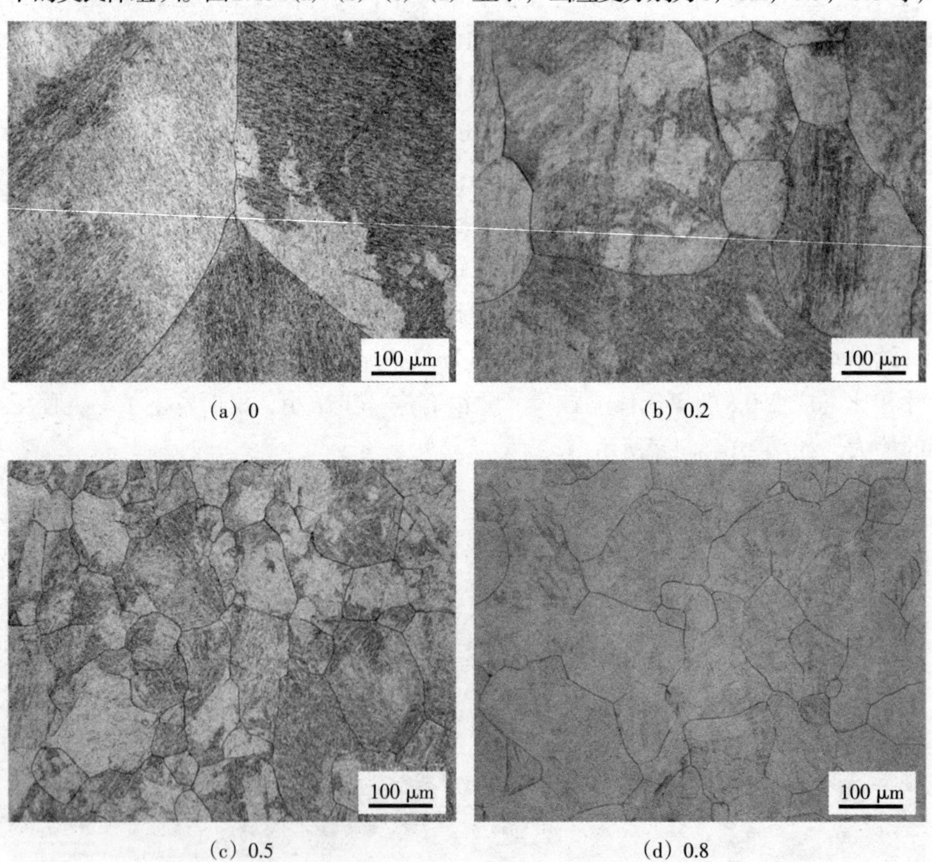

（a）0　　（b）0.2

（c）0.5　　（d）0.8

图2.15　变形温度1350 ℃和应变速率1 s^{-1}时不同应变下试验钢的奥氏体组织

奥氏体晶粒在该温度下变形后均发生了不同程度的细化，且均呈现等轴状形貌。随着应变的增加，动态再结晶奥氏体晶粒尺寸分别约为721，278，156，188 μm，动态再结晶奥氏体晶粒尺寸也呈现先减小后增加的趋势。

在超高温度（1300，1350 ℃）时，应变增加至0.8，奥氏体晶粒的晶间黏性流动显著增加，位错增殖速率大大增加，奥氏体动态再结晶形核率显著增加，在动态再结晶过程中会形成新的无畸变的奥氏体再结晶晶粒，这些新的无畸变晶粒在较大驱动力下的亚动态再结晶动力学极快，使奥氏体晶界快速迁移，导致奥氏体晶粒发生一定程度粗化。动态再结晶发生在临界应变值ε_c和（0.6～0.8）ε_p之间，随着位错累积，大角度晶界快速迁移。因此，动态再结晶和亚动态再结晶在超高温和大应变条件下更容易发生。此外，热模拟试样在变形结束和淬火开始之间有1 s的延迟时间，在此期间会不可避免地发生奥氏体亚动态再结晶，尤其在超高温和大应变条件下，较高的位错密度使奥氏体亚动态再结晶动力学明显加快，最终导致应变0.8的奥氏体晶粒粗化速率加快。

2.3.3.3　应变速率对奥氏体晶粒尺寸的影响

图2.16显示了试验钢在变形温度1100 ℃，应变0.5，不同应变速率条件下的奥氏体组织。不同应变速率条件下的奥氏体晶粒尺寸测量结果如图2.17所示。

由图2.16和图2.17可知，试验钢在应变速率0.01～10 s^{-1}条件下，奥氏体晶粒形貌均呈现出等轴状，随着应变速率的增加，奥氏体晶粒尺寸先显著减小，然后略微减小。当应变速率为0.01 s^{-1}时，奥氏体晶粒细小且均匀分布在基体中，晶粒尺寸约为134 μm，如图2.16（a）所示。当应变速率增加至0.1 s^{-1}

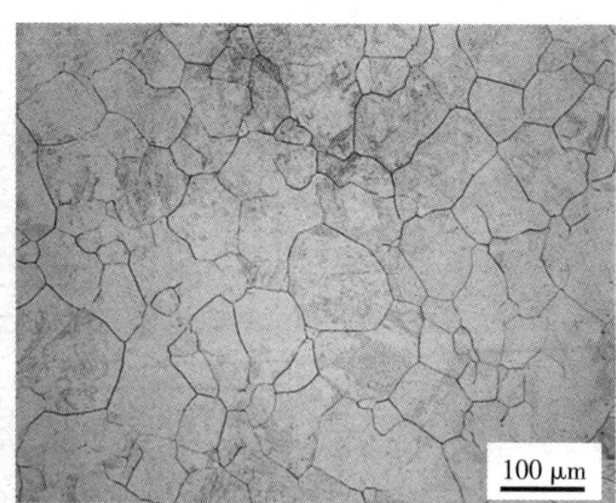

（a）0.01 s^{-1}　　（b）0.1 s^{-1}

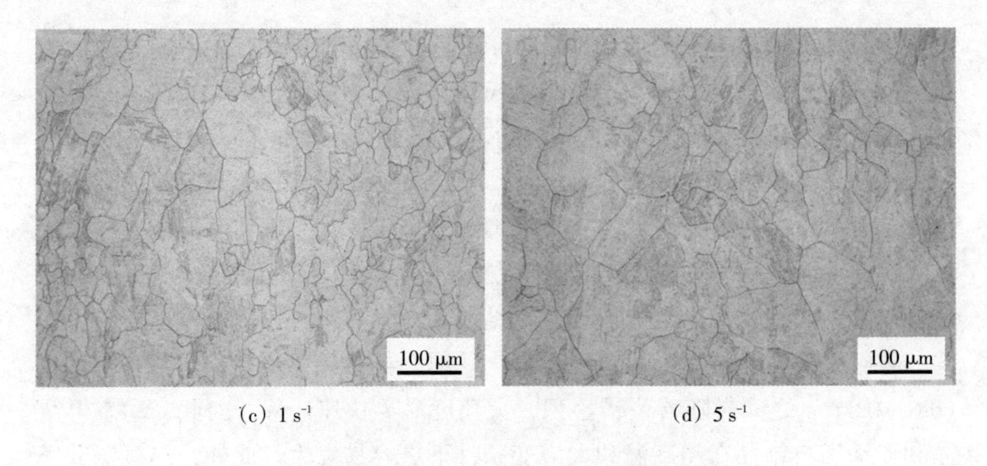

（c）1 s^{-1}　　（d）5 s^{-1}

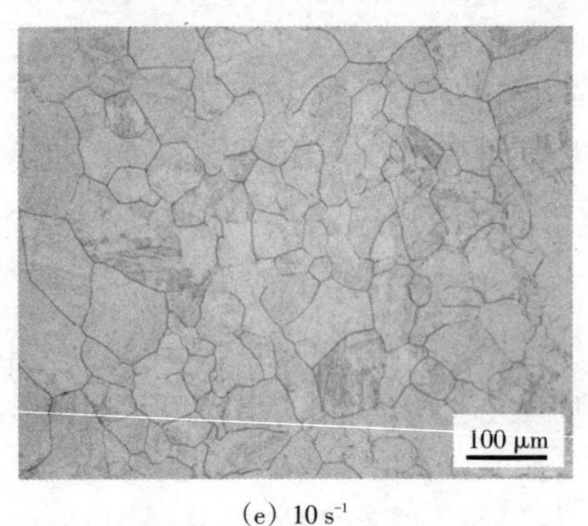

（e）10 s^{-1}

图2.16　变形温度1100 ℃和应变0.5时不同应变速率下试验钢的奥氏体组织

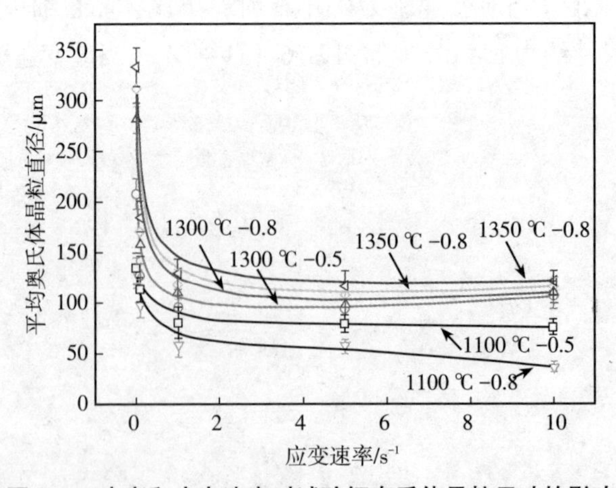

图2.17　应变和应变速率对试验钢奥氏体晶粒尺寸的影响

和1 s^{-1}时，奥氏体晶粒尺寸并未大幅减小，约为113 μm和81 μm，如图2.16（b）（c）所示。当应变速率较低时，微合金第二相粒子有充足的时间长大和粗化，当微合金第二相粒子尺寸粗化至某一临界值时，其对奥氏体晶界的钉扎效果大大减弱甚至消失，因此奥氏体晶粒难以得到进一步细化。当应变速率继续增加至5 s^{-1}和10 s^{-1}时，奥氏体晶粒尺寸约为78 μm和75 μm。随着奥氏体晶粒的硬化程度进一步增加，奥氏体晶粒进一步细化，但细化效果并不明显，如图2.16（d）（e）所示。

图2.18显示了试验钢在变形温度1100 ℃，应变0.8时，不同应变速率条件下的奥氏体组织。由图可知，随着应变速率从0.01 s^{-1}增加至10 s^{-1}，奥氏体晶粒明显细化，动态再结晶奥氏体均呈现等轴状形貌特征，细小等轴状的动态再结晶奥氏体晶粒均匀分布在基体中。与变形温度1100 ℃和应变0.5的奥氏体晶粒相比，变形温度1100 ℃和应变0.8的奥氏体晶粒得到明显细化。因此，在1100 ℃时，增加应变有利于进一步减小动态再结晶奥氏体晶粒尺寸。

图2.19显示了试验钢在变形温度1300 ℃，应变0.5时，不同应变速率条件下的奥氏体组织。由图可知，当应变速率为0.01 s^{-1}时，奥氏体晶粒非常粗大且呈现不规则形貌，与变形温度1100 ℃，应变速率0.01 s^{-1}下的细小等轴状动态再结晶奥氏体晶粒形貌明显不同。由动态再结晶奥氏体晶粒尺寸的测量结果可知，试验钢在超高温度1300 ℃，应变0.5时，应变速率0.01，0.1，1，5，10 s^{-1}时的动态再结晶奥氏体晶粒尺寸分别约为237，127，95，93，106 μm，奥氏体晶粒尺寸并未呈减小趋势，而是呈现先减小后增大的趋势，如图2.17所示。

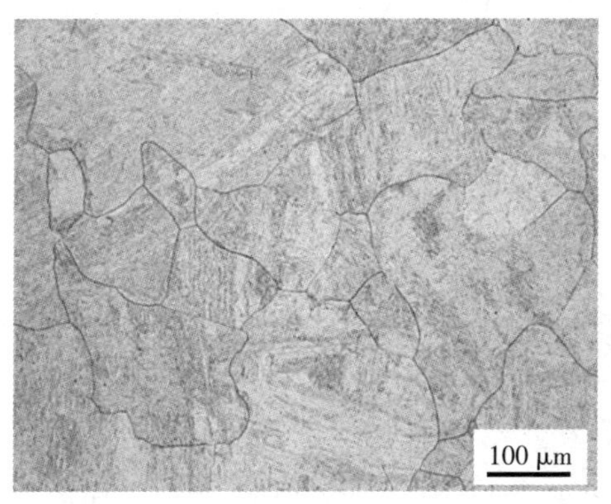

（a）0.01 s^{-1}

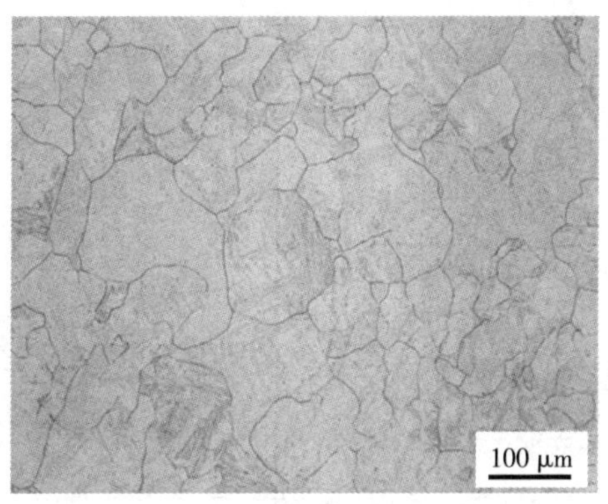

（b）0.1 s^{-1}

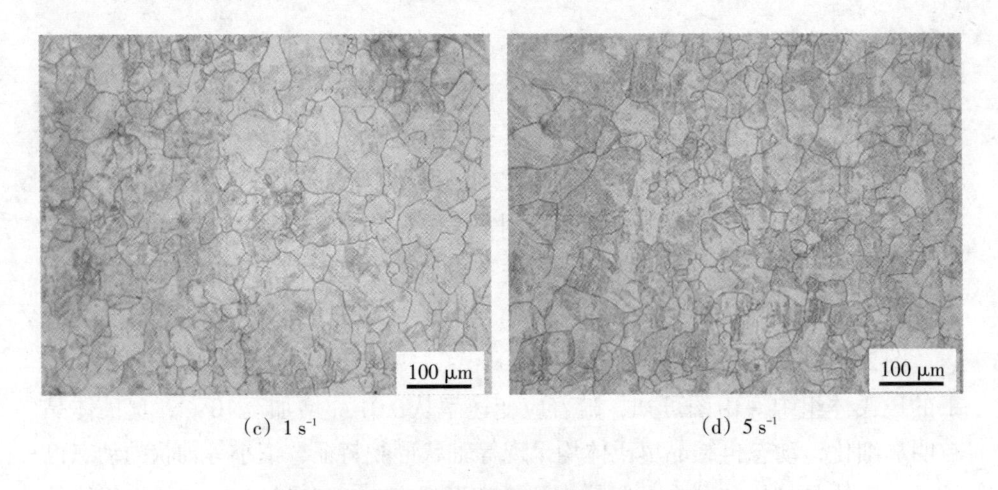

(c) $1\ s^{-1}$　　(d) $5\ s^{-1}$

(e) $10\ s^{-1}$

图2.18　变形温度1100 ℃和应变0.8时不同应变速率下试验钢的奥氏体组织

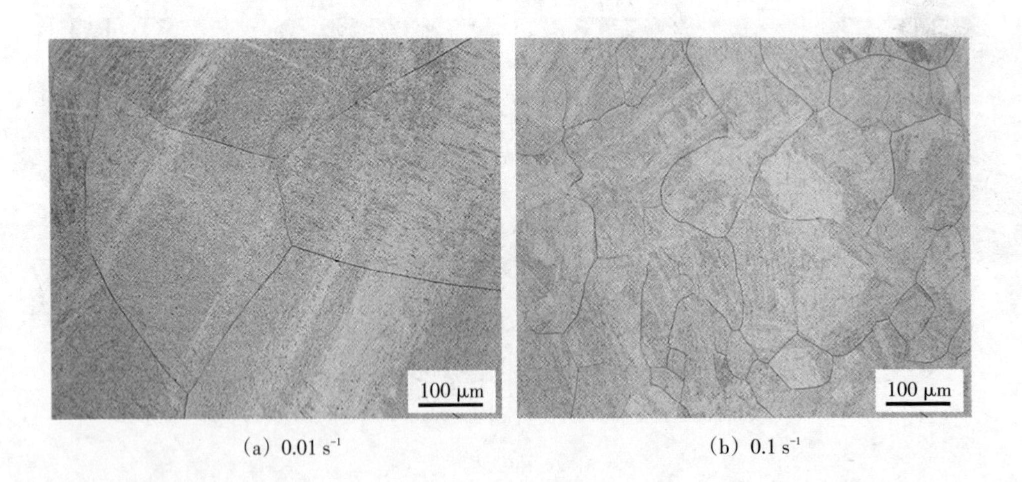

(a) $0.01\ s^{-1}$　　(b) $0.1\ s^{-1}$

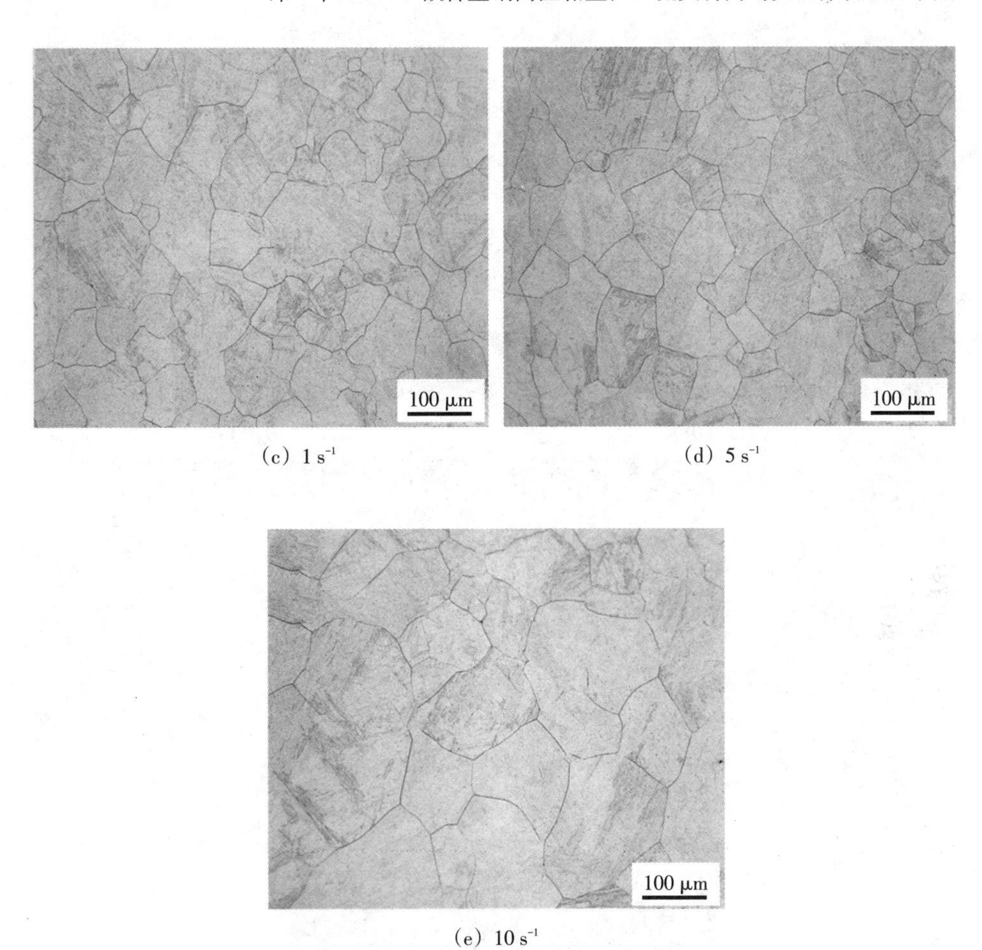

（c）1 s^{-1}　　（d）5 s^{-1}

（e）10 s^{-1}

图2.19　变形温度1300 ℃和应变0.5时不同应变速率下试验钢的奥氏体组织

图2.20显示了试验钢在变形温度1350 ℃，应变0.5时，不同应变速率条件下的奥氏体组织。由图可知，在超高温度（1350 ℃）的条件下，奥氏体晶粒尺寸随应变速率的增加呈现先减小后增大的趋势。由奥氏体晶粒尺寸的测量结果可知，试验钢在超高温度1350 ℃，应变0.5，应变速率0.01，0.1，1，5，10 s^{-1}时的奥氏体晶粒尺寸分别约为311，170，118，107，117 μm，这与试验钢在1300 ℃下的奥氏体晶粒尺寸变化规律相同，也呈现先减小后增大的趋势，如图2.17所示。

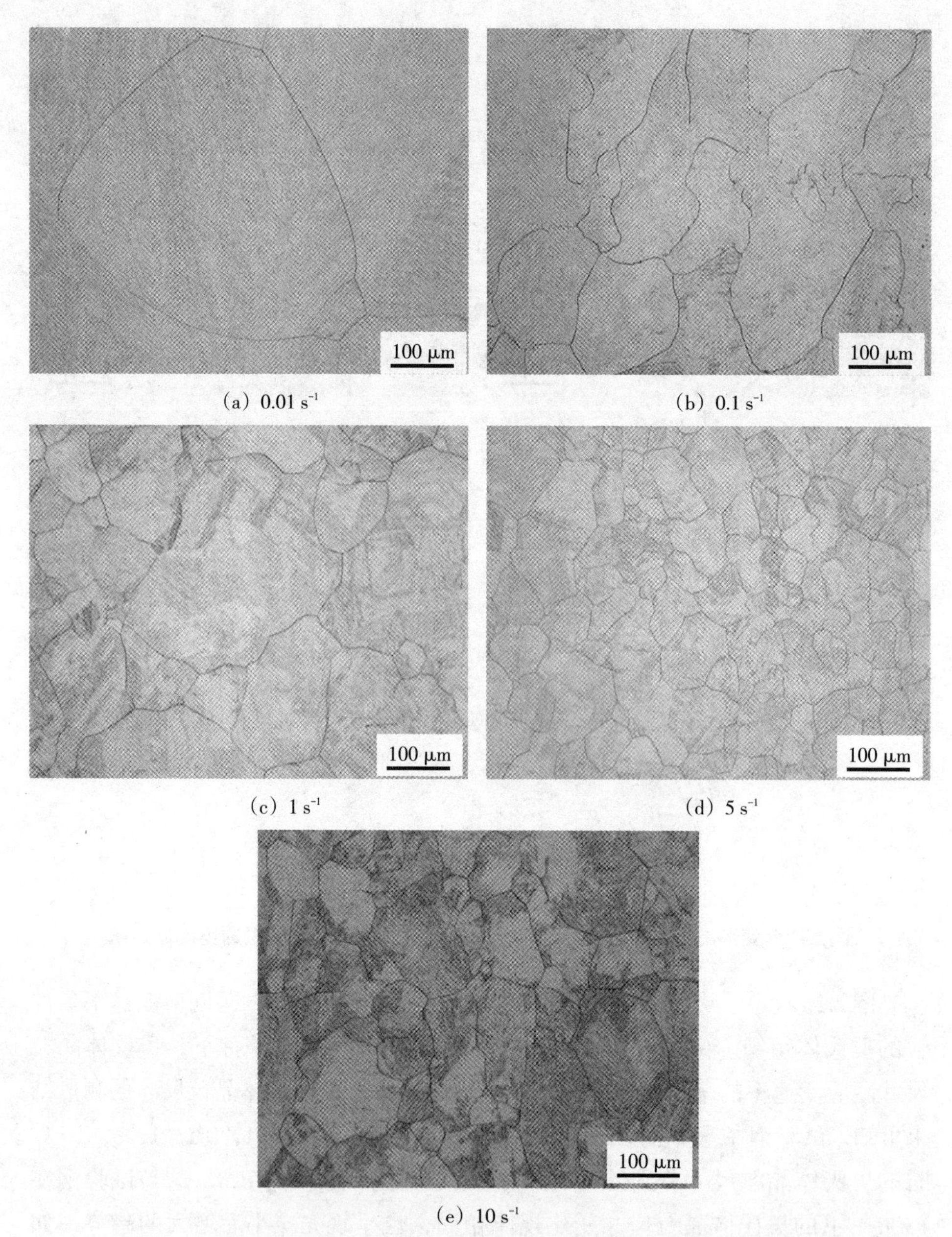

(a) 0.01 s^{-1}　　(b) 0.1 s^{-1}

(c) 1 s^{-1}　　(d) 5 s^{-1}

(e) 10 s^{-1}

图2.20　变形温度1350 ℃和应变0.5时不同应变速率下试验钢的奥氏体组织

在超高温度（1350 ℃）的条件下，虽然动态再结晶更容易发生，但在较小应变速率0.01 s^{-1}条件下，保温时间相对延长，新的奥氏体晶粒的硬化较小，位错增殖速率缓慢，晶界迁移速率增加，晶界重排、多边化程度提高，使奥氏体晶粒有充分时间以大晶粒吞并小晶粒的形式长大，导致新的再结晶晶粒很难通过重新形核进一步细化，如图2.20（a）所示。图2.20（b）（c）（d）显示，当应变速率增加至0.1，1，5 s^{-1}时，奥氏体晶粒尺寸明显减小。随着应变速率的增加，晶界迁移速率降低，奥氏体晶粒发生一定程度硬化，使奥氏体晶粒得到进一步细化。图2.20（e）显示，当应变速率进一步增加至10 s^{-1}时，奥氏体晶粒尺寸反而较应变速率5 s^{-1}的奥氏体晶粒尺寸有所增加，这与Chen等的研究结果一致。在超高温度（1350 ℃）的条件下，位错密度的显著增加大大提高了奥氏体的亚动态再结晶动力学，导致图2.20（e）中的奥氏体晶粒尺寸有所增加。

由奥氏体晶粒尺寸测量结果可知，在变形温度1300 ℃和1350 ℃，应变0.5和0.8时，应变速率为10 s^{-1}的奥氏体晶粒尺寸较应变速率为0.01 ~ 5 s^{-1}的奥氏体晶粒尺寸均有所增加。与变形温度1100 ℃和应变0.8的细小均匀奥氏体晶粒相比，在1350 ℃下应变增加至0.8，奥氏体晶粒不能得到进一步细化。亚动态再结晶仅仅是奥氏体动态再结晶晶粒的长大，增加应变速率可明显提高位错密度，在较高温度和较大应变速率条件下，位错密度的增加能够使亚动态再结晶动力学明显加快，导致奥氏体晶粒快速长大。此外，在超高温度条件下，微合金第二相粒子并不会在奥氏体基体中大量弥散析出，大多数第二相粒子都以固溶态存在于奥氏体基体中，不能明显阻碍晶界迁移，导致动态再结晶奥氏体晶粒发生进一步粗化。

2.3.4　高温黏塑性区动态再结晶晶粒尺寸模型

热变形过程中变形温度、应变速率、应变和初始奥氏体晶粒尺寸等均对动态再结晶奥氏体组织形貌和晶粒尺寸有很大影响。动态再结晶奥氏体晶粒尺寸可以用式（2-16）表示：

$$d_{\text{drex}} = a_1 d_0^{a_2} \dot{\varepsilon}^{a_3} \exp\left(\frac{Q_1}{RT}\right) \tag{2-16}$$

式中，d_0为初始奥氏体晶粒尺寸，为650 μm；T为变形温度，K；R为气体常数，8.314 J/(mol·K)；Q_1为再结晶激活能，J/mol；a_1，a_2，a_3是常数。

对式（2-16）取对数，代入不同变形条件下的动态再结晶奥氏体晶粒尺寸，得到Q_1，a_1，a_2，a_3值。因此，根据试验钢不同变形条件下的动态再结晶奥氏体晶粒尺寸的测量结果，可建立动态再结晶奥氏体晶粒尺寸模型，如式（2-17）所示。动态奥氏体晶粒尺寸的计算值和实测值如图2.21所示，该模型能够很好地反映Nb-Ti微合金钢在不同变形条件下的奥氏体晶粒尺寸。

$$d_{\text{drex}} = 2047.072\dot{\varepsilon}^{-0.1409}\exp\left(\frac{-36229}{RT}\right) \tag{2-17}$$

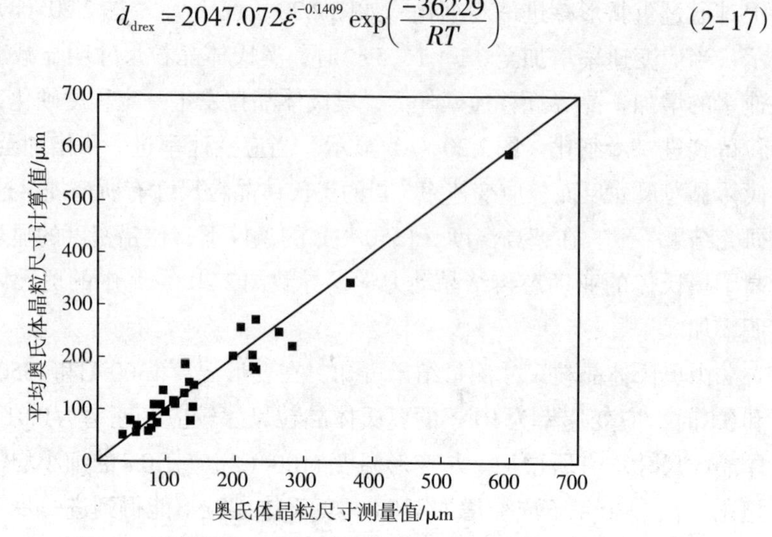

图2.21　试验钢奥氏体晶粒尺寸计算值和实测值

2.3.5　奥氏体动态再结晶体积分数和晶粒尺寸预测

在热芯大压下轧制过程中，铸坯芯部温度甚至高达1400 ℃，受实际实验设备条件的限制，目前的试验变形温度最高只能达到1350 ℃，因此采用所建立的奥氏体动态再结晶模型及其晶粒尺寸模型对1350 ℃以上温度和低应变速率下的动态再结晶体积分数和晶粒尺寸进行预测研究。

Nb-Ti微合金钢在超高温度和低应变速率下动态再结晶体积分数的预测结果如图2.22所示。图2.22（a）显示，随着变形温度的升高，发生完全动态再结晶的应变值明显减小。在较低应变速率0.005 s^{-1}时，随着变形温度从1200 ℃增加至1400 ℃，发生完全动态再结晶所需的应变值从0.35降低至0.25。图2.22（b）显示，当变形温度为1350 ℃时，随着应变速率从1 s^{-1}降低至0.0001 s^{-1}，发生完全动态再结晶的应变值从0.45降低至0.15。说明变形温度越高，应变速率越低，发生动态再结晶所需的临界应变值越小，发生完全动态再结晶所需的应变值也越小，动态再结晶越容易进行。

试验钢在超高温度和低应变速率下的动态再结晶奥氏体晶粒尺寸的预测结果如图2.23所示。由图可知，虽然动态再结晶在更高变形温度1200～1400 ℃和更低应变速率0.0001～1 s^{-1}时更容易发生，但是动态再结晶奥氏体晶粒并没有发生明显细化。当应变速率为0.005 s^{-1}时，随着变形温度从1325 ℃升高至1450 ℃，奥氏体晶粒尺寸从282 μm增加至344 μm；当变形温度为1400 ℃时，随着应变速率的减小，奥氏体晶粒尺寸显著增大。与未变形的奥氏体晶粒相比，热变形过程中的动态再结晶奥氏体晶粒均会发生不同程度的细化。

动态再结晶发生在热变形过程中，只有位错密度达到某一临界值，动态再结晶才会发生。在高温黏塑性区施加变形载荷，可使奥氏体在高温变形过程中发生多次动态再结晶，并且不同于常规变形温度区间的动态再结晶行为及奥氏体晶粒演变规律。在热芯大压下轧制中，连铸坯表面温度低，芯部温度高，芯部发生动态再结晶所需的临界应变值较低。此外，在较大温度梯度条件下，变形更容易渗透至铸坯芯部，铸坯芯部的位错累积显著增加了芯部奥氏体晶粒的自由能。当位错增加到临界应变值以上，铸坯芯部的奥氏体晶粒通过动态再结晶得到一定程度细化，提高了铸坯厚度方向的组织均匀性。采用所建立的高温黏塑性动态再结晶模型和动态再结晶奥氏体晶粒尺寸模型，能够很好地预测出Nb-Ti微合金钢在更高温度和更低应变速率下的动态再结晶体积分数和动态再结晶奥氏体晶粒尺寸。

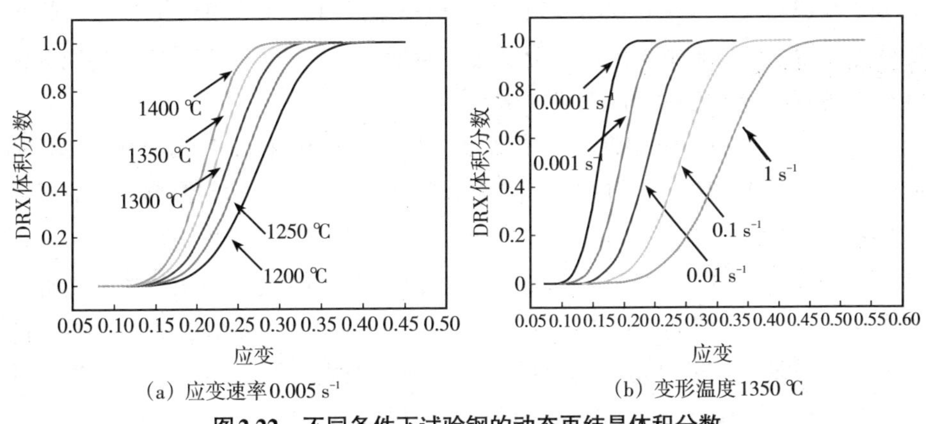

（a）应变速率0.005 s^{-1}　　（b）变形温度1350 ℃

图2.22　不同条件下试验钢的动态再结晶体积分数

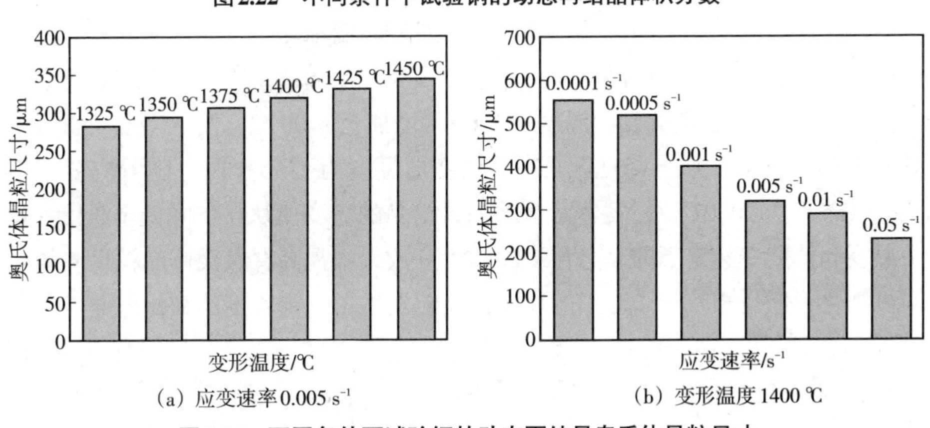

（a）应变速率0.005 s^{-1}　　（b）变形温度1400 ℃

图2.23　不同条件下试验钢的动态再结晶奥氏体晶粒尺寸

2.4 本章小结

本章系统研究了Nb-Ti微合金钢高温黏塑性区高温流变行为和动态再结晶行为，并研究了不同变形参数对奥氏体晶粒尺寸的影响，结果如下：

（1）采用单道次压缩热模拟试验，测定了Nb-Ti微合金钢高温黏塑性区真应力-真应变曲线，建立了适用于连铸坯热芯大压下轧制（变形温度1000～1350 ℃，应变速率0.01～10 s^{-1}）的高温黏塑性本构模型。

（2）通过研究Nb-Ti微合金钢高温黏塑性区流变行为，确定了高温黏塑性区的动态再结晶临界条件，建立了动态再结晶模型。当应变速率为0.01 s^{-1}，变形温度为1350，1300，1200，1100，1000 ℃时，奥氏体发生动态再结晶的临界应变值分别为0.041，0.055，0.071，0.125，0.140，峰值应变值分别为0.121，0.133，0.177，0.266，0.280。在较高温度（1200～1350 ℃）时，临界应变值非常小。变形温度越高，应变速率越低，发生动态再结晶的临界应变值越小，越有利于动态再结晶的充分进行。

（3）研究了高温黏塑性区变形温度（1000～1350 ℃），应变（0～0.8）和应变速率（0.01～10 s^{-1}）对Nb-Ti微合金钢奥氏体晶粒尺寸的影响，建立了动态再结晶奥氏体晶粒尺寸模型。当应变为0～0.5，应变速率为0～5 s^{-1}，变形温度分别为1100 ℃和1350 ℃时，奥氏体晶粒均随着应变和应变速率的增加而明显细化。当应变为0.5～0.8，应变速率为5～10 s^{-1}时，变形温度为1100 ℃的奥氏体晶粒随着应变和应变速率的增加进一步细化，而变形温度为1350 ℃的奥氏体晶粒随着应变和应变速率的增加反而粗化。

（4）根据所建立的动态再结晶模型，对更高温度和更低应变速率的动态再结晶体积分数和动态再结晶晶粒尺寸进行预测。预测结果表明，当应变速率较低（0.005 s^{-1}）时，随着变形温度从1200 ℃增加至1400 ℃，发生完全动态再结晶所需的应变值从0.35降低至0.25。当变形温度为1350 ℃时，随着应变速率从1 s^{-1}降低至0.0001 s^{-1}，发生完全动态再结晶的应变值从0.45降低至0.15。超高温度和低应变速率下的动态再结晶体积分数大幅提高，奥氏体晶粒尺寸却未明显细化，但是相较于未变形的奥氏体晶粒发生了一定程度的细化。

第3章　Nb-Ti微合金钢高温黏塑性区再结晶和析出交互作用

在微合金钢连铸坯凝固过程中，Nb和Ti等合金元素逐渐在枝晶间富集，导致大尺寸的微合金第二相粒子在枝晶间析出，不但不能通过钉扎奥氏体晶界对奥氏体晶粒进行细化，还会进一步影响铸坯再加热后的奥氏体晶粒尺寸。热芯大压下轧制能够显著提高微合金钢连铸坯奥氏体中的位错密度，有效增加微合金第二相粒子的析出形核位置。大量微合金第二相粒子在位错、晶界和亚晶界上析出，阻碍了奥氏体再结晶晶粒的形核和长大。此外，由于尺寸效应，固溶于基体的Nb和Ti偏聚到晶界并产生溶质拖曳效应，进而阻碍再结晶晶界的运动。析出钉扎作用与溶质拖曳效应结合，在一定程度上阻碍奥氏体再结晶晶粒的长大，有效细化奥氏体晶粒。采用热芯大压下轧制技术改善铸坯中第二相粒子的尺寸和分布，对细化连铸坯奥氏体晶粒具有重要意义。

Nb-Ti微合金钢连铸坯热芯大压下轧制中再结晶和析出具有明显的竞争关系，制定合适的热芯大压下轧制变形工艺参数，是细化和改善连铸坯第二相粒子尺寸和分布的关键。本章采用热模拟双道次压缩试验，系统研究了高温黏塑性区变形对第二相粒子析出行为的影响。此外，对Nb-Ti微合金钢的位错密度进行定量化计算，并观察第二相粒子形貌、尺寸和分布，建立了高温黏塑性区奥氏体再结晶驱动力模型和第二相粒子析出钉扎力模型，阐明了高温黏塑性区析出和再结晶的交互作用。

3.1　实验材料及方法

本章试验钢的化学成分与第2章中试验钢的化学成分相同，如表2.1所列。热模拟试样取自Nb-Ti微合金钢连铸坯芯部，并加工成尺寸为Φ8 mm × 15 mm的圆柱作为热模拟试样。采用MMS-200热力模拟试验机进行双道次压缩试验。将热模拟试样以加热速率10 ℃/s加热至近凝固温度1400 ℃，保温300 s，目的是使微合金第二相粒子进行充分固溶。然后以10 ℃/s的冷却速率冷却至不同变形温度（850，900，925，950，975，1000，1100，1200，1300 ℃），继续保温15 s以消除试样内部的温度梯度，然后进行双道次压缩变形。两道次的应变速率和应变均为10 s^{-1}和0.4，道次间隔时间分别为1，10，30，300，1000 s，热模拟试验工艺如图3.1所示。

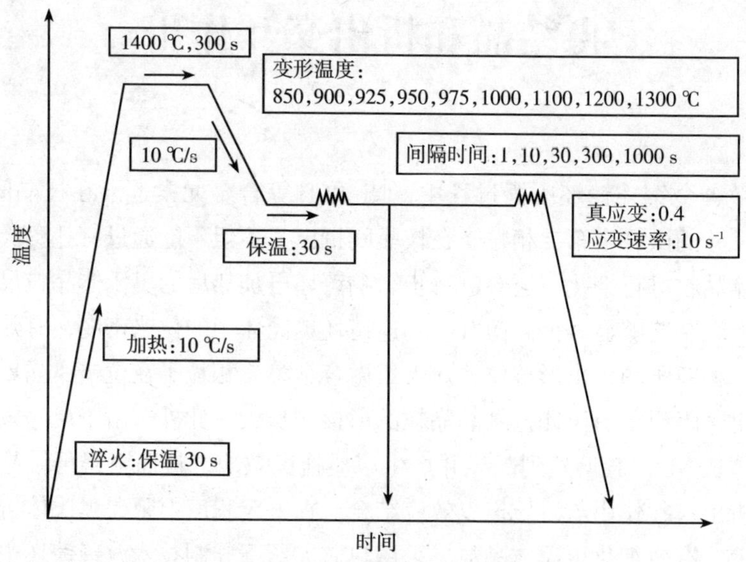

图3.1　热模拟试验工艺图

为了观察Nb-Ti微合金钢不同变形条件下微合金第二相粒子的形貌，将第一道次变形后不同保温时间的试样水淬至室温。从淬火试样上切取500 μm厚的薄试样，机械减薄至约50 μm后冲成Φ3 mm的圆片，并采用Struers TenuPol-5电解双喷减薄仪将圆片进一步减薄，制成TEM薄膜试样，电解液采用体积分数为9%的高氯酸和91%的无水乙醇，电解双喷减薄温度和电压分别为-30 ℃和31 V，利用Tecnai G^2 F20场发射透射电镜对第二相粒子进行形貌观察，并利用Image-Pro Plus（IPP）软件测量微合金第二相粒子的尺寸。

3.2　析出粒子演变规律

3.2.1　保温时间对析出粒子的影响

图3.2显示了Nb-Ti微合金钢在950 ℃变形后不同保温时间的微合金第二相粒子TEM形貌。为减小误差，采用10张照片对950 ℃变形后不同保温时间的第二相粒子进行尺寸测量和统计，统计结果如图3.3所示。图3.2（a）显

示，在变形温度950 ℃下保温1 s时，淬火试样中未观察到微合金第二相粒子，说明应变诱导析出在变形结束后不会立即发生。在变形温度950 ℃下保温30 s时，第二相粒子数量增多并弥散分布于基体中，表明应变诱导析出已经发生，如图3.2（b）所示。第二相粒子主要是应变诱导析出的NbC，TiC及（Nb, Ti）C粒子，尺寸为6～15 nm的微合金第二相析出粒子数量百分数为75%，如图3.3（a）所示。在变形温度950 ℃下保温300 s时，微合金第二相粒子尺寸增加，体积分数减小，尺寸为20～30 nm的第二相粒子数量百分数超过70%，如图3.2（c）和图3.3（b）所示。

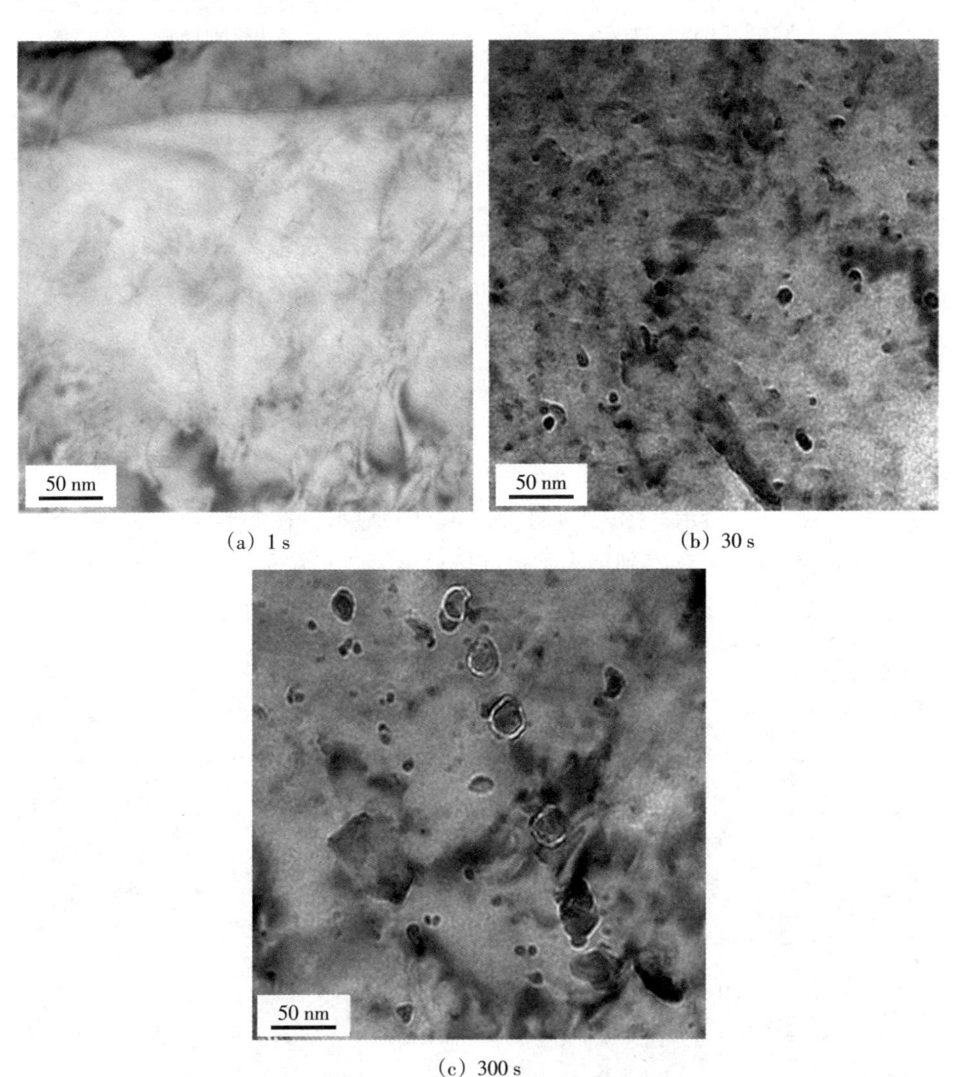

（a）1 s　　（b）30 s

（c）300 s

图3.2　试验钢在变形温度950 ℃不同保温时间的析出粒子形貌

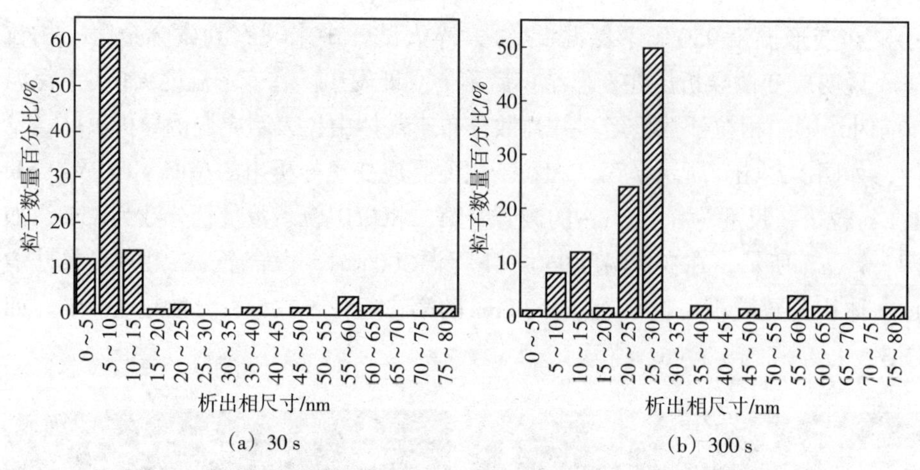

(a) 30 s　　(b) 300 s

图3.3　试验钢在变形温度950 ℃不同保温时间的析出粒子尺寸分布

3.2.2　变形温度对析出粒子的影响

图3.4显示了Nb-Ti微合金钢在不同变形温度下保温30 s的微合金第二相粒子TEM形貌。试验钢在不同变形温度下保温30 s的微合金第二相粒子尺寸分布统计结果如图3.5所示。在变形温度950 ℃下保温30 s时，在奥氏体基体中观察到大量球形和细小的Nb(C，N)、TiC和NbC应变诱导析出粒子，如图3.4（a）所示。在变形温度1100 ℃下保温30 s时，第二相粒子发生粗化，体积分数有所减少，尺寸为15~25 nm的第二相粒子数量百分数为70%，如图3.4（b）和图3.5（a）所示。图3.4（c）和3.5（b）显示，在变形温度1300 ℃下保温30 s时，基体中未观察到细小弥散的微合金第二相粒子，仅观察到60 nm的大尺寸的第二相析出粒子，粗大的第二相粒子为TiN，形状为近正方形。

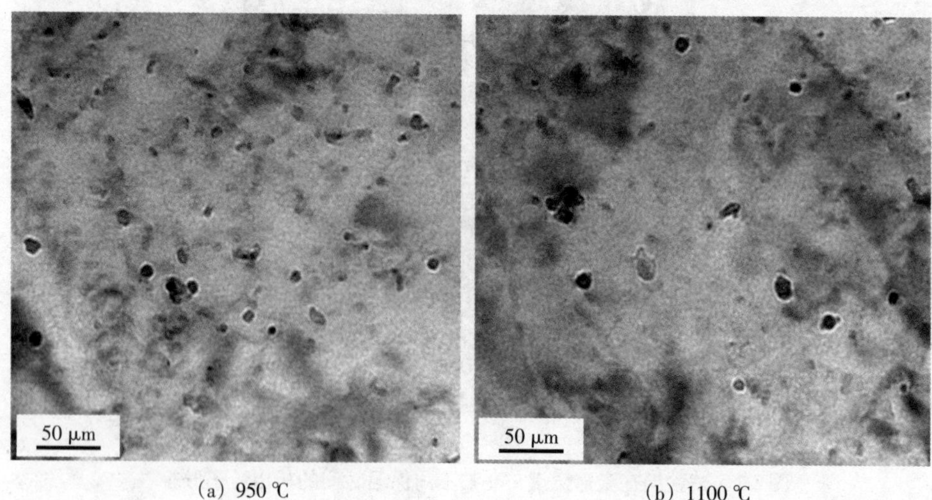

(a) 950 ℃　　(b) 1100 ℃

(c) 1300 ℃

图3.4　试验钢在不同变形温度下保温30 s的析出粒子形貌

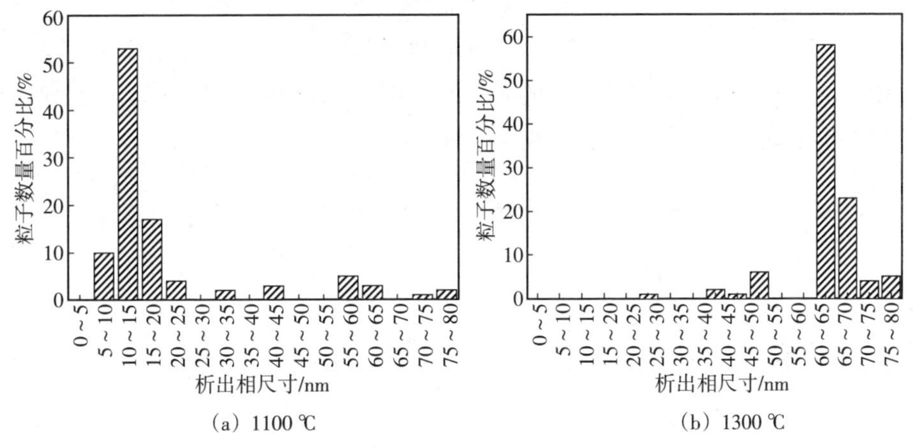

(a) 1100 ℃　　(b) 1300 ℃

图3.5　试验钢在不同变形温度下保温30 s的析出粒子尺寸分布

在未变形的奥氏体中，微合金第二相粒子主要在晶界析出，析出过程非常缓慢，在900 ℃时需要几千秒才能达到50%的析出。在变形奥氏体中，位错密度显著提高，第二相粒子的析出形核位置也显著增加，明显促进了微合金Nb，Ti碳氮化物的析出。已有大量文献表明，变形加快了第二相粒子的弥散析出，这些细小的第二相粒子能有效钉扎再结晶奥氏体晶界，阻碍再结晶发生，并抑制奥氏体晶粒长大。同时，固溶于基体中的Nb和Ti还能产生溶质拖曳效应。应变诱导析出和溶质拖曳效应能够有效阻碍奥氏体晶界迁移并降低奥氏体再结晶动力学。由于该Nb-Ti微合金钢中NbC，Nb(C，N) 和TiC等第二相粒子的固溶温度均低于1300 ℃，因此虽然试验钢在1300 ℃下发生较大变形，但是却不能发生微合金第二相粒子应变诱导析出。TiN粒子具有较高的固溶温度，即使加热到1400 ℃也不能完全固溶。因此，在超高变形温度条件下，试验钢中只能观察到粗大的TiN粒子，其对奥氏体晶界的钉扎能力有限，不能明显抑制再结晶过程。

3.3 微合金第二相析出行为

3.3.1 静态再结晶模型

图3.6显示了Nb-Ti微合金钢的真应力-真应变曲线。静态再结晶软化率F_s包括静态回复和静态再结晶造成的软化，静态再结晶软化率F_s和静态再结晶体积分数X可由式（3-1）和式（3-2）表示：

$$F_s = (\sigma_m - \sigma_2)/(\sigma_m - \sigma_1) \tag{3-1}$$

$$X = (F_s - 0.2)/(1 - 0.2) \tag{3-2}$$

式中，σ_m为第1道次变形结束时的应力值，MPa；σ_1和σ_2分别为第1道次和第2道次变形的屈服应力，MPa；F_s为软化率。

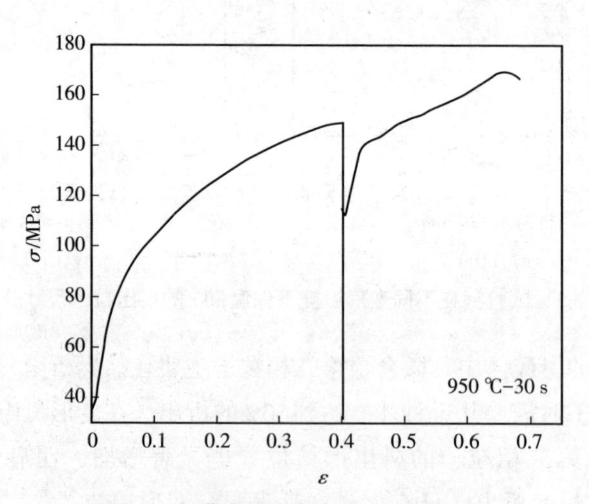

图3.6 双道次压缩真应力-真应变曲线

图3.7显示了Nb-Ti微合金钢在不同变形条件下的再结晶软化率曲线。由图可知，当变形温度为850～1000 ℃时，随着变形温度降低，软化率曲线出现平台或近平台区域。微合金第二相粒子在固溶温度以下时，应变诱导第二相粒子在位错、晶界和亚晶界等缺陷处析出，阻碍了变形后再结晶晶粒的形核和长

大，抑制静态再结晶的进行，使软化率曲线出现平台或者近平台区域。当变形温度为1100～1300 ℃时，软化率曲线呈S形，并没出现平台区域。随着变形温度升高，第二相粒子的长大速率大大增加，钉扎晶界的能力减弱，使静态再结晶速率加快。

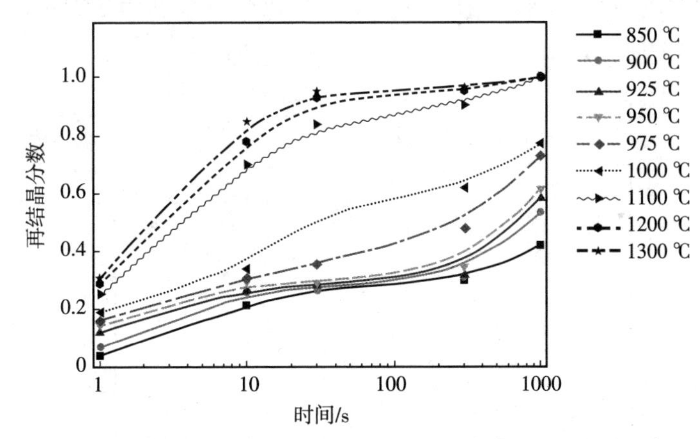

图3.7　试验钢在不同变形条件下的再结晶软化率

Nb-Ti微合金钢的PTT曲线可通过不同变形条件下的软化率确定，如图3.8所示。由图可知，试验钢的鼻尖温度在925～975 ℃之间。在鼻尖温度以上，有效扩散系数较高，由过饱和度提供的析出驱动力较低。在鼻尖温度以下，有效扩散系数较低，由过饱和度提供的析出驱动力较高，所以存在一个析出最快的温度，使PTT曲线呈C形。Nb-Ti微合金钢在应变诱导析出开始前和结束后再结晶曲线均满足Avrami方程，如式（3-3）所示。

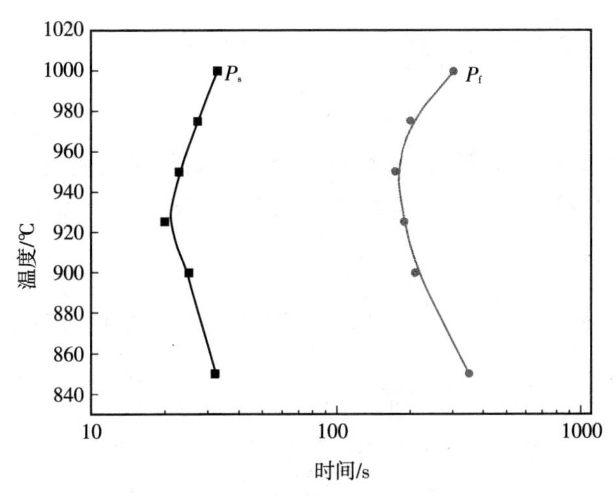

图3.8　试验钢的PTT曲线

$$X=1-\exp\left[-0.693\left(\frac{t}{t_{0.5}}\right)^{n}\right] \tag{3-3}$$

式中，n为材料常量；X为静态再结晶体积分数；$t_{0.5}$为静态再结晶体积分数达到50%所需的时间，s。

n值可通过对式（3-3）两边取对数然后进行线性回归来确定，平均值为0.952，如图3.9所示。

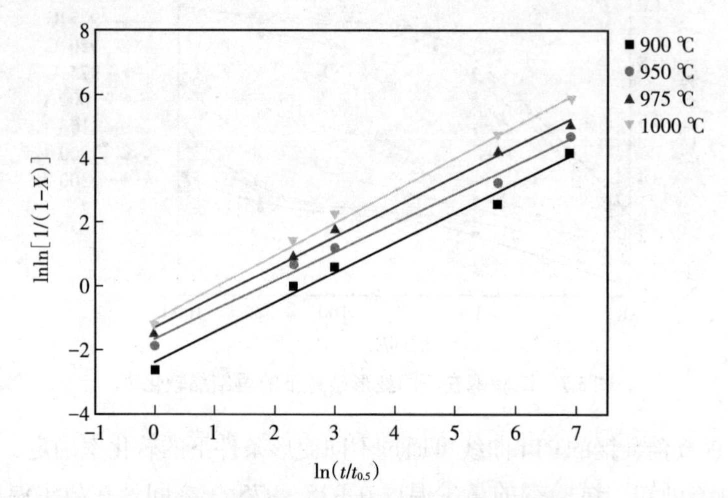

图3.9　lnln[1/(1-X)] 与ln($t/t_{0.5}$) 的关系

因此，该Nb-Ti微合金钢的奥氏体静态再结晶动力学模型可由式（3-4）表示：

$$X=1-\exp\left[-0.693\left(\frac{t}{t_{0.5}}\right)^{0.952}\right] \tag{3-4}$$

3.3.2　再结晶驱动力模型和析出钉扎力模型

采用Beck等提出的应变诱导晶界迁移模型计算再结晶驱动力F_r，该模型假设具有低位错密度的奥氏体晶粒将会被含有高位错密度的奥氏体晶粒所吞并。奥氏体再结晶驱动力等于变形后的储存能，可用式（3-5）表示：

$$F_r=\frac{1}{2}\rho\mu b^2 \tag{3-5}$$

式中，ρ为位错密度，m^{-2}；μ为剪切模量，取值为4×10^4 MPa；b为伯氏矢量，取值为2.53×10^{-10} m。

位错密度可以由式（3-6）表示：

$$\rho=\left(\frac{\sigma_m-\sigma_1}{M\alpha\mu b}\right)^2 \tag{3-6}$$

式中，M为泰勒因子，取值为3.1；α为常数，取值为0.15。

式（3-6）没有直接反映出位错密度随温度的变化，而是通过不同变形温度下的真应力-真应变曲线间接地反映出来。采用真应力-真应变曲线确定了试验钢在不同变形温度下的σ_m值和σ_1值，并对变形奥氏体中的位错密度进行定量化计算，如图3.10所示。

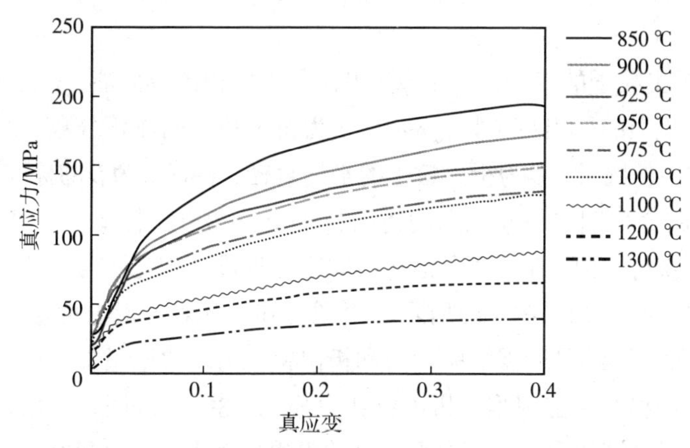

图3.10　试验钢在第1道次变形中的真应力-真应变曲线

Nb-Ti微合金钢在不同变形温度下的位错密度如图3.11所示。由图可知，随着变形温度从850 ℃增加至1300 ℃，位错密度显著降低。当变形温度为850 ℃时，位错密度为$5.052\times10^{14}\ m^{-2}$。当变形温度为1300 ℃时，位错密度降低至$2.5\times10^{13}\ m^{-2}$。在变形温度为1300 ℃时，较低的位错密度和较小的析出驱动力使第二相粒子的形核点数量大大减少，导致基体中的微合金第二相粒子难以析出。

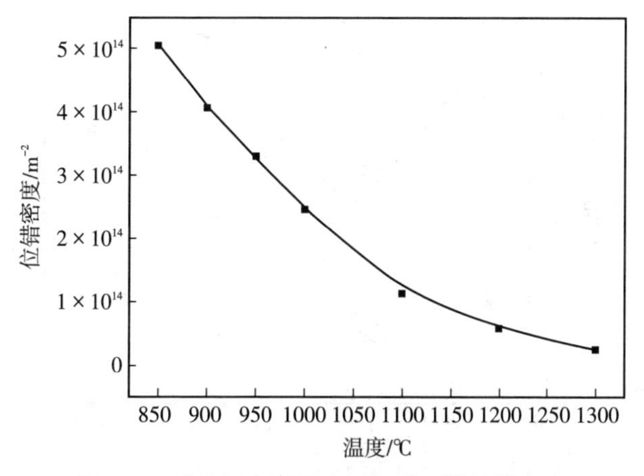

图3.11　试验钢在不同变形温度下的位错密度

此外，析出钉扎力F_p的计算公式可由式（3-7）至式（3-9）表示：

$$F_p = 4r\gamma N_s \tag{3-7}$$

$$N_s = \frac{3f_v}{2\pi}r^2 \tag{3-8}$$

$$f_v = \frac{\pi}{6}N_p\left(D^2 + S^2\right) \tag{3-9}$$

式中，r为析出粒子的半径，nm；γ为单位晶界面积的界面能，0.75 J/m^2；N_s为单位晶界面积上的析出粒子数，nm^{-2}；f_v为析出粒子的体积分数；N_p为单位面积上析出粒子的数量；D为析出粒子的平均直径，nm；S为D的标准差，nm。

Nb-Ti微合金钢单位面积上的析出粒子个数和析出粒子直径可由3.2小节的试验结果获得。Nb-Ti微合金钢在不同变形温度下保温30 s时的再结晶驱动力F_r和析出钉扎力F_p如图3.12所示。由图可知，随着变形温度从1300 ℃降低至850 ℃，发生再结晶所需的驱动力和析出钉扎力均逐渐增加，说明在较低温度下晶界的迁移会更加困难。析出钉扎力公式（3-7）表明，析出粒子的体积分数越大，析出钉扎力越大，对再结晶的阻碍也越大。在所研究变形温度范围内，析出粒子的体积分数随变形温度降低而增加，再结晶驱动力和析出钉扎力的差值也随着变形温度的降低而逐渐增加，说明再结晶和析出具有明显的竞争关系。Nb-Ti微合金钢在850～1000 ℃变形，析出会通过消耗形变储能优先于再结晶发生，对再结晶起到阻碍作用。在1100～1300 ℃变形，再结晶会通过消耗形变储能降低第二相粒子的析出驱动力而优先于析出发生，减弱析出粒子对再结晶的阻碍作用。在所研究温度范围内，析出钉扎力总是小于再结晶驱动

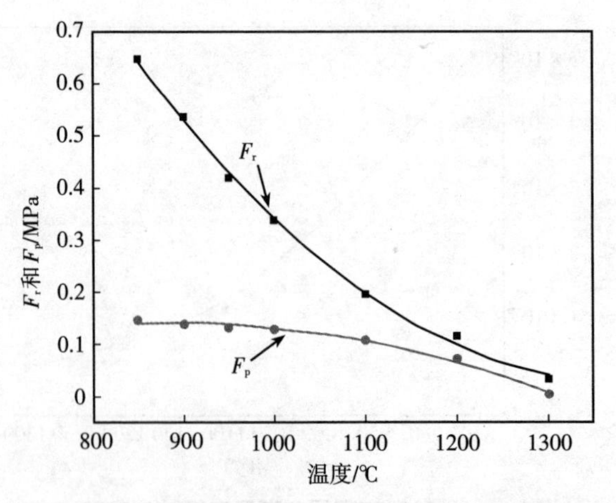

图3.12　试验钢在不同温度下保温30 s时的F_r值和F_p值

力，说明在所研究温度范围内该试验钢的再结晶并不能被析出钉扎力完全抑制。

3.3.3 再结晶和析出的交互作用

如果微合金第二相粒子均能够在晶界和亚晶界上析出，则析出钉扎力对晶界的迁移会有很大影响。变形相当于增加奥氏体中的位错密度，可以为析出粒子提供更多的形核位置，使析出粒子快速发生析出。但是，变形后也会导致奥氏体的储存能增加，再结晶驱动力增大，会加快奥氏体再结晶的进程。若再结晶的形核孕育时间小于析出的形核孕育时间，则再结晶会先于析出发生，导致基体的位错密度显著降低，析出过程反而会被明显推迟。

微合金第二相粒子通常在位错线、晶界和亚晶界中的网格节点处析出，因此，第二相粒子的形核与位错网格节点之间的长度有很大关系。假设微合金第二相粒子的析出密度和位错网格节点密度相等，则位错网格节点密度、位错密度和位错网格节点之间长度的关系可用式（3-10）表示：

$$N_v = 0.5\rho^{3/2} = \tau^{-3} \tag{3-10}$$

式中，N_v为位错网格节点密度，m^{-3}；τ为位错网格节点之间的长度，nm。

根据试验钢在不同变形条件下的位错密度，可以得到位错网格节点密度N_v和位错网格节点之间的长度τ。试验钢在不同变形温度下位错网格节点之间的长度τ如图3.13所示。Nb-Ti微合金钢在不同变形温度下的位错网格和析出粒子分布示意图如图3.14所示。当变形温度为950 ℃时，位错密度为3.2×10^{14} m^{-2}，位错网格节点密度N_v和位错网格节点之间的长度τ分别为2.9×10^{21} m^{-3}和69.6 nm。当变形温度增加至1100 ℃时，位错网格节点密度N_v和位错网格节点之间的长度τ分别为6.7×10^{20} m^{-3}和118.5 nm。当变形温度进一步增加至1300 ℃时，位错网格节点密度N_v和位错网格节点之间的长度τ分别为6.4×10^{19} m^{-3}和252.3 nm，该结果与Dutta的研究结果一致。升高温度使元素扩散速率增大，导致粒子粗化，显著降低了N_v值，增加了τ值，同时降低了阻碍奥氏体晶粒长大的能力。试验钢在1300 ℃下变形，即使微合金第二相粒子能够在少量位错线上形核和析出，1300 ℃高温也会使第二相粒子重新溶解，导致微合金第二相粒子很难在奥氏体基体中析出。

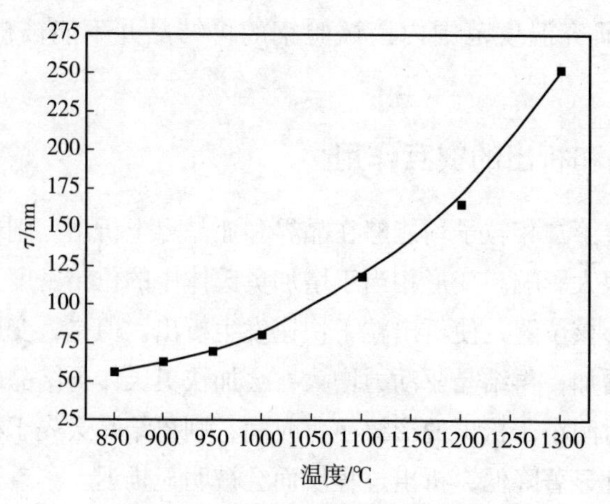

图3.13　不同变形温度下的τ值

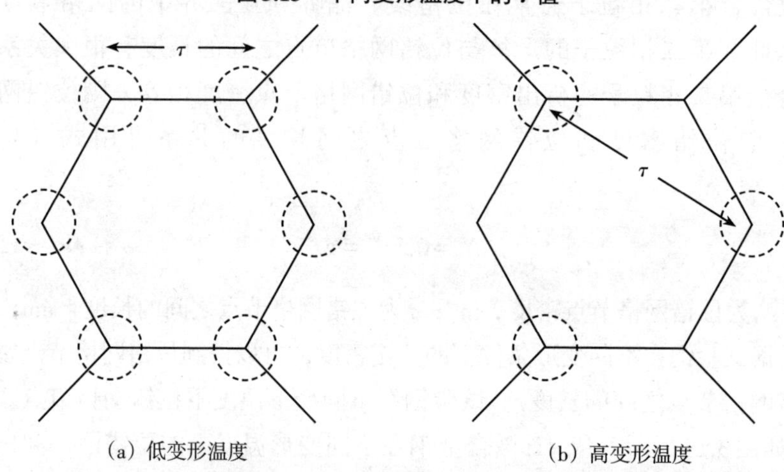

图3.14　试验钢在不同变形温度下析出粒子分布示意图

综上所述，Nb-Ti微合金钢在850～1000 ℃时，由变形导致奥氏体中的晶界、亚晶界以及变形带等晶格缺陷显著增加，这些缺陷在保温过程中能够为微合金第二相粒子的析出提供大量的形核位置，使大量的析出粒子在晶界和晶内析出。如果微合金第二相粒子之间的距离小，则会引起很大的钉扎力，从而有效钉扎奥氏体晶界并延迟再结晶过程。但是对于超高温度1100～1300 ℃变形后的奥氏体而言，由于变形温度高，变形后的奥氏体能够快速发生回复和再结晶，因此变形产生的晶格缺陷快速减少，位错网格节点密度N_v明显减小，位错网格节点之间的长度τ明显增加，第二相粒子形核位置数量明显减少。

3.4　本章小结

本章采用热模拟双道次压缩试验，系统研究了热变形对第二相粒子析出行为的影响，并通过对位错密度进行定量化计算，观察析出粒子形貌、尺寸和分布，建立了奥氏体再结晶驱动力模型和第二相粒子析出钉扎力模型，阐明了高温黏塑性区再结晶和析出的交互作用，结果如下：

（1）采用双道次压缩热模拟试验，建立了Nb-Ti微合金钢静态再结晶模型，通过不同变形条件下的软化率曲线确定了实验钢PTT曲线呈C形，鼻尖温度为925～975 ℃。在850～1000 ℃变形时，Nb和Ti微合金元素固溶态和应变诱导析出粒子能够通过钉扎奥氏体晶界和溶质拖曳两种作用阻碍奥氏体晶粒长大，并抑制奥氏体再结晶动力学，使再结晶软化率曲线出现平台。在1100～1300 ℃变形时，再结晶软化率曲线中的平台消失，软化率曲线呈S形。

（2）研究了Nb-Ti微合金钢在高温黏塑性区（850～1300 ℃）不同变形参数对第二相粒子的影响。在变形温度为950 ℃，保温时间为1 s时，淬火试样中未观察到细小弥散的析出粒子，应变诱导析出在变形结束后不会立即发生。当保温时间为30 s时，大量析出粒子弥散分布于基体中，这些微小析出粒子尺寸为6～10 nm。当保温时间增加至300 s时，析出粒子发生一定程度粗化，尺寸为15～25 nm。当变形温度为1300 ℃，保温时间为30 s时，基体中未发现微合金第二相粒子析出，试验钢在变形温度1300 ℃下不能发生应变诱导析出。

（3）建立了奥氏体再结晶驱动力模型和第二相粒子析出钉扎力模型，阐明了高温黏塑性区再结晶和析出的交互作用。当变形温度为850～1000 ℃时，析出会通过消耗形变储能优先于再结晶发生，对再结晶起到阻碍作用。当变形温度为1100～1300 ℃时，再结晶则会通过消耗形变储能降低第二相粒子的析出驱动力而优先于析出发生，减弱析出粒子对再结晶的阻碍作用。

（4）对比了Nb-Ti微合金钢在不同变形温度下保温30 s时的再结晶驱动力F_r和析出钉扎力F_p。在所研究的温度范围内（850～1300 ℃），F_r和F_p均随着变形温度的降低呈增加趋势，F_r和F_p的差值也逐渐增加，且析出钉扎力小于再结晶驱动力，再结晶并不能被析出钉扎力完全抑制住。

第4章 Nb-Ti微合金钢连铸坯热芯大压下轧制组织均匀性数值模拟

随着计算机的存储量和计算能力飞速提高，有限元理论得以快速发展。有限元成为各行各业最关注的数值模拟方法，在板带成型领域中发挥着重要作用。采用有限元理论对热轧过程进行数值模拟，可以对轧制过程板带受力进行分析，为实际轧制生产提供具有参考价值的理论结果。热芯大压下轧制能够充分利用连铸过程形成的大温度梯度对连铸坯进行高渗透性轧制，并通过动态再结晶显著提高铸坯厚度方向上的组织均匀性。但是，在实际热芯大压下轧制过程中，难以对铸坯不同位置的温度、应变、动态再结晶体积分数和晶粒尺寸进行定量分析研究。

本章根据第2章所建立的Nb-Ti微合金钢高温黏塑性本构模型，采用Deform-3D软件建立了三维黏塑性热力耦合有限元模型，以河北钢铁集团钢铁技术研究总院中试基地的立式连铸机和Φ750 mm × 550 mm高刚度二辊热轧试验机为原型，对Nb-Ti微合金钢连铸坯热芯大压下轧制过程进行数值模拟，并结合所建立的高温黏塑性区动态再结晶模型和动态再结晶奥氏体晶粒尺寸模型，对Nb-Ti微合金钢连铸坯厚度方向上的组织均匀性和再结晶体积分数进行定量化分析研究，为Nb-Ti微合金钢连铸坯热芯大压下轧制工艺参数的制定和技术开发奠定了理论基础，并对实际热芯大压下轧制提供理论指导。

4.1 连铸坯热芯大压下轧制有限元分析

4.1.1 传热模型

将实际Nb-Ti微合金钢连铸坯连铸过程抽象化、简化，建立Nb-Ti微合金钢连铸坯宏观凝固传热模型：假设弯月面处钢水温度分布均匀，且与浇铸温度相同；只考虑水平方向导热，即铸坯x轴和y轴方向的导热；将对流传热等效为传导传热；二冷区同一段均匀冷却，内外弧传热条件对称，以内弧部分作为研究对象。

根据以上假设，选择铸坯横截面1/4作为研究对象，用二维传热模型来描述连铸过程中的热传导，表达式如下：

$$\rho(T)c(T)\frac{\partial T}{\partial t}=\frac{\partial}{\partial x}\left(k(T)\frac{\partial T}{\partial x}\right)+\frac{\partial}{\partial y}\left(k(T)\frac{\partial T}{\partial y}\right) \tag{4-1}$$

式中，T是绝对温度，K；t是计算时间，s；$\rho(T)$是密度，kg/m^3；$c(T)$是比热容，J/(kg·K)；$k(T)$是热导率，W/(m·K)。

为了简化计算，将初始温度设置为浇铸温度（T_p）。铸坯在黏塑性区的密度和热导率可以表示为固相率f_s的函数，由式（4-2）和式（4-3）所决定：

$$\rho_{s/l}=f_s\rho_s+(1-f_s)\rho_l \tag{4-2}$$

$$k_{s/l}=f_s k_s+(1-f_s)mk_s \tag{4-3}$$

式中，m为经验因子，1.0 ~ 1.5。

Nb-Ti微合金钢连铸二冷区及空冷段的热交换过程中的边界条件可表示为

$$q=h(T_s-T_w) \tag{4-4}$$

$$q=\sigma\varepsilon(T_s^4-T_a^4) \tag{4-5}$$

式中，q是铸坯表面的热流密度，W/m^2；h是铸坯和冷却水的换热系数，W/(m^2·K)；T_s和T_w是铸坯表面温度和冷却水温度，K；σ是斯忒藩-玻耳兹曼常量，取值为5.7×10^{-8} W/(m^2·K^4)；ε是辐射率，取值为0.85；T_a是大气温度，K。

4.1.2 热芯大压下轧制有限元模型

采用Deform-3D有限元软件，以河北钢铁集团钢铁技术研究总院中试基地的立式连铸机和Φ750 mm × 550 mm高刚度二辊热轧试验机为原型，建立热芯大压下轧制三维黏塑性热力耦合模型（1/4模型），如图4.1所示。

图4.1 热芯大压下轧制过程有限元模型

该立式连铸机带有水平出坯系统，包括结晶器电磁搅拌、结晶器振动、动态二冷配水、保护浇铸、数据采集与处理等装置。该热轧试验机设备配有高压水除磷机、液压系统等装置。立式连铸机和热轧试验机的设计参数如表4.1和表4.2所列。以立式连铸机生产的横截面尺寸为135 mm × 135 mm的Nb-Ti微合金钢连铸坯为研究对象，试验钢的化学成分与第2章中试验钢的化学成分相同，如表2.1所列。在有限元模型中将工作辊设定为刚性体，铸坯设定为黏塑性材料。本构模型是描述金属流变行为的重要依据，本构模型的准确性对于分析连铸坯热芯大压下轧制过程中的变形行为至关重要，采用第2章所建立的Nb-Ti微合金钢高温黏塑性本构模型，对热芯大压下轧制过程Nb-Ti微合金钢连铸坯厚度方向上温度分布、应变分布和应变速率分布进行计算。热芯大压下轧制过程数值模拟参数如表4.3所列。

表4.1　立式连铸机主要参数

项目	参数	项目	参数
机型	立式	二次冷却方式	水冷
结晶器长度/mm	770	拉速/($m \cdot min^{-1}$)	1
结晶器锥度	0.69	二冷区长度/m	3.9
铸坯断面尺寸/mm	135 × 135	铸机流数	1
浇注钢种	Nb-Ti微合金钢	浇注温度/°C	1550
结晶器水压力/MPa	0.6 ~ 1.0	二冷区水压力/MPa	0.6 ~ 1.2

表4.2　热轧试验机主要参数

项目	参数	项目	参数
轧辊直径/mm	750	轧制速度/($m \cdot s^{-1}$)	0 ~ ± 2.4
轧辊长度/mm	550	电机功率/kW	2 × 590
最大轧制力/t	1000	电机电压/V	600
最大开口度/mm	330	压下方式	液压

表4.3　热芯大压下轧制过程模拟参数

参数	铸坯长度/mm	铸坯宽度/mm	铸坯厚度/mm	轧速/($m \cdot s^{-1}$)	温度/°C	压下量/mm
数值	1000	135	135	0.2	850 ~ 1100	15 ~ 35

4.1.3　材料热物性参数

采用Abaqus有限元软件对Nb-Ti微合金钢连铸坯的连铸过程进行数值模拟，为保证计算结果的准确性，有限元数值模拟中轧件的热物性参数（主要包括材料密度、杨氏模量、泊松比、比热容和热导率）可以通过Jmatpro 7.0软件计算得到，其随温度变化的曲线如图4.2所示。

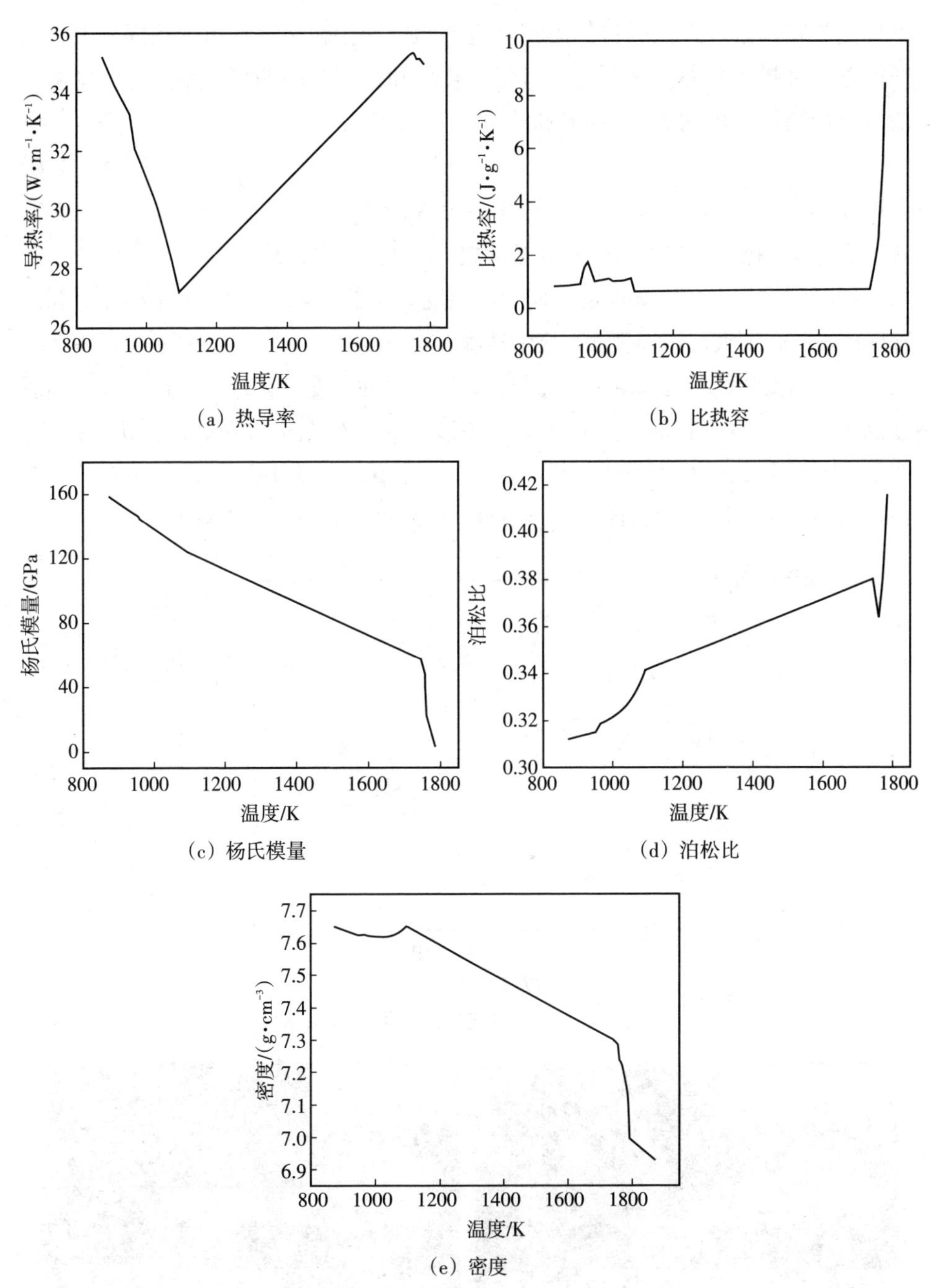

(a) 热导率

(b) 比热容

(c) 杨氏模量

(d) 泊松比

(e) 密度

图4.2　试验钢材料参数与温度的关系

4.1.4　初始条件和边界条件

采用连铸过程的温度场模拟计算结果作为Nb-Ti微合金钢连铸坯热芯大压

下轧制的初始条件，同时将热力耦合边界条件和接触条件均施加到模型上，以便能够准确描述热芯大压下轧制过程。轧辊和铸坯之间的摩擦系数随轧制温度的升高而降低，可用式（4-6）和式（4-7）表示：

$$\tau_f = mk \tag{4-6}$$

$$m = 1.06 - 0.0006T \tag{4-7}$$

式中，τ_f为摩擦力，MPa；m为摩擦系数；k为剪切力，MPa。

在凝固过程中，铸坯厚度方向上的温度分布如图4.3所示。由于结晶器和二冷区内水冷强度大，铸坯表面温度快速降低至1028 ℃。进入空冷区后，随着铸坯表面冷却强度降低和芯部凝固潜热释放，铸坯表面温度重新升高至1171 ℃，然后逐渐下降。连铸坯芯部温度则随着凝固过程的进行先略微降低，再快速降低。图4.4为利用FLIR SC 620热像仪测得的实际连铸及轧制过程的温度分布，结合模拟结果和试验结果，二者相吻合表明计算结果具有较高的准确性。

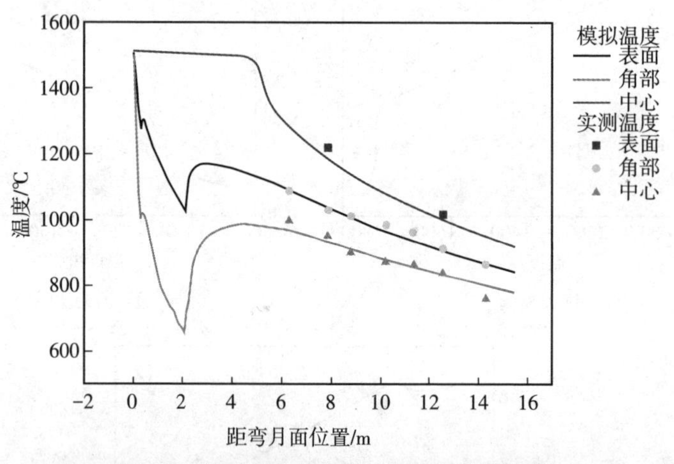

图4.3　凝固过程中连铸坯的温度模拟结果

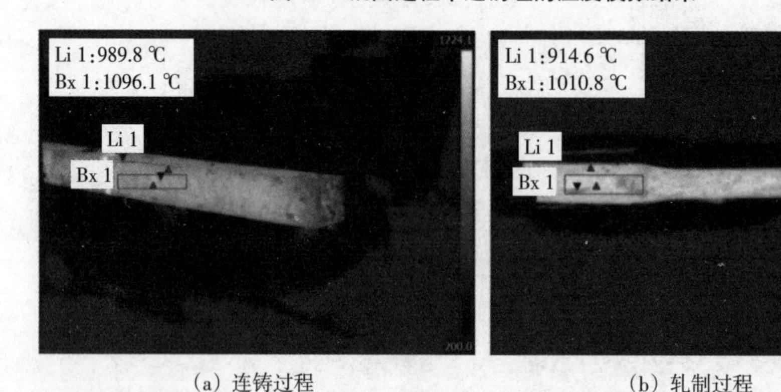

（a）连铸过程　　（b）轧制过程

图4.4　连铸坯的温度测量结果

4.2 数值模拟计算结果

4.2.1 轧制温度和压下量对等效应变的影响

在热芯大压下轧制数值模拟过程中，将单道次压下量设定为15，25，35 mm，轧制温度（铸坯表面温度）设定为850～1100 ℃。在不同轧制温度下的Nb-Ti微合金钢连铸坯厚度方向的温度分布如图4.5所示。由图可知，铸坯表面和芯部之间的温差随着轧制温度的升高而升高。当铸坯轧制温度从850 ℃增加至1100 ℃时，铸坯表面和芯部之间的温差从76.5 ℃增加至189.7 ℃。

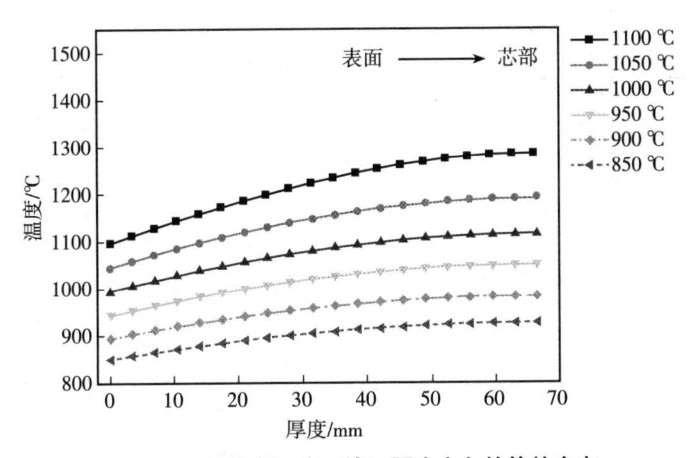

图4.5　不同轧制温度下铸坯厚度方向的等效应变

Nb-Ti微合金钢连铸坯在压下量为35 mm，不同轧制温度下厚度方向的等效应变如图4.6所示。随着轧制温度从850 ℃增加至1100 ℃，铸坯表面的等效应变从0.367降低至0.298，芯部的等效应变从0.342增加至0.364。当轧制温度为850 ℃时，等效应变最大值在距离铸坯表面15 mm处，为0.436，当距离铸坯表面大于15 mm时，等效应变快速降低。当轧制温度为1100 ℃时，铸坯1/4厚度处和芯部的等效应变较850 ℃时得到显著提高，最大等效应变不在铸坯近表面处，而是在距离铸坯表面23 mm处，最大等效应变值为0.388；当距离表面大于23 mm时，等效应变只是略微降低。图4.7显示，在压下量为35 mm的条件下，随着铸坯芯表温差的增加，芯部等效应变值明显增大，表明在大的温度梯度下，变形更容易渗透至铸坯芯部。在热芯大压下轧制过程中，由于铸坯表面温度低，芯部温度高，表面变形更加困难，金属流动更加容易渗透至铸坯芯部。

Nb-Ti微合金钢连铸坯在轧制温度1100 ℃，压下量15，25，35 mm时厚度方向的等效应变分布如图4.8所示。当压下量为15 mm时，等效应变最大值在距离表面22 mm处，为0.204，芯部的等效应变值仅为0.159。随着压下量从15 mm增加至35 mm，铸坯内部整体等效应变增加，等效应变最大值逐渐向芯部靠近。

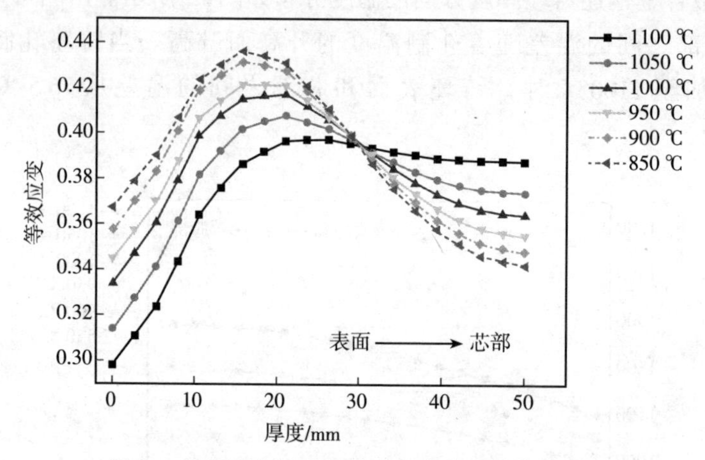

图4.6　不同轧制温度下铸坯厚度方向的等效应变

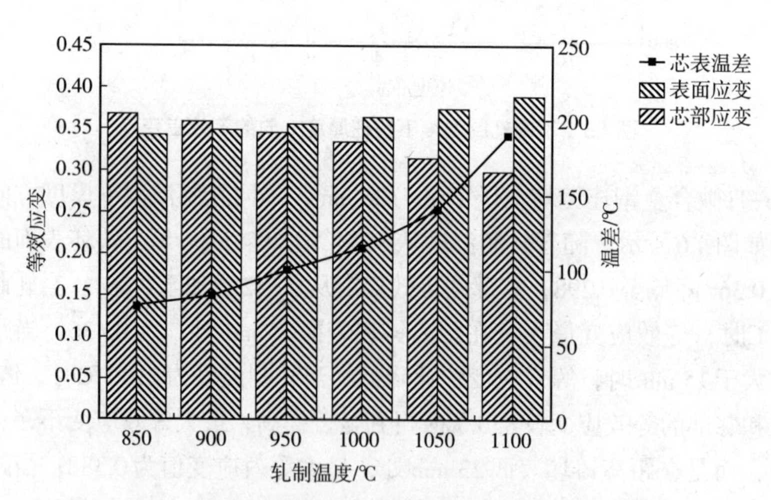

图4.7　不同轧制温度下连铸坯芯表温差和等效应变

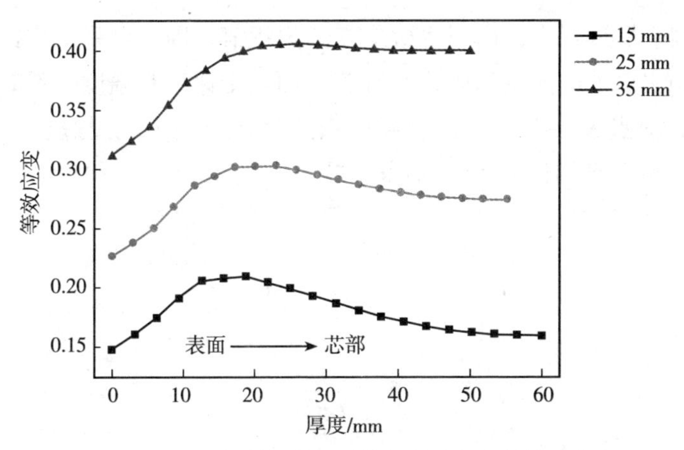

图4.8　不同压下量条件下连铸坯厚度方向的等效应变

4.2.2　压下量对动态再结晶体积分数和晶粒尺寸的影响

根据第2章所建立的高温黏塑性动态再结晶模型和奥氏体动态再结晶晶粒尺寸模型，对热芯大压下轧制过程中铸坯厚度方向上的组织均匀性和动态再结晶体积分数进行定量计算。动态再结晶模型和动态再结晶晶粒尺寸模型主要涉及温度、应变速率和应变等参数。在轧制变形前，在连铸坯几何模型表面至芯部选取10个点N1～N10，以此作为测定铸坯内部厚度方向上动态再结晶体积分数和动态再结晶晶粒尺寸变化的参考点，如图4.9所示。

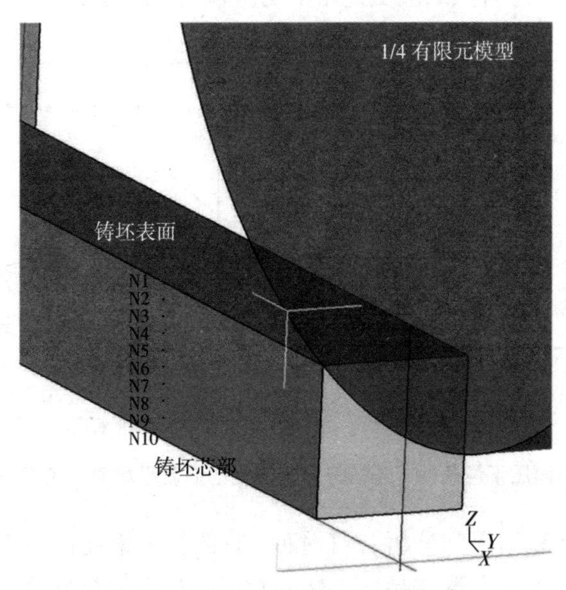

图4.9　连铸坯厚度方向上的特征点

在轧制变形过程中，由于等效应变是累积值，因此可采用连铸坯在热芯大压下轧制出口处的应变值来进行计算。而应变速率和温度是瞬时值，为了简化计算，对点N1 ~ N10的温度和应变速率按照整个轧制过程中的平均值进行计算。温度平均值T_{av}和应变速率平均值$\dot{\varepsilon}_{av}$由式（4-8）和式（4-9）表示：

$$T_{av}=\frac{1}{t_1-t_0}\int_{t_0}^{t_1}T\,\mathrm{d}t \tag{4-8}$$

$$\dot{\varepsilon}_{av}=\frac{\varepsilon_1}{t_1-t_0} \tag{4-9}$$

式中，t_0为轧制变形开始时刻，s；t_1为轧制变形结束时刻，s；T为热芯大压下轧制过程中铸坯各点的瞬时温度，K；ε_1为轧机出口处铸坯各点的等效应变。

在热芯大压下轧制变形过程中，对以上10个点进行数据采集，得到了不同变形条件下连铸坯厚度方向的温度平均值和应变速率平均值。Nb-Ti微合金钢连铸坯在轧制温度1100 ℃，压下量15，25，35 mm时厚度方向上各点的温度平均值和应变速率平均值如图4.10所示。图4.10（a）显示，当压下量从15 mm增大到35 mm时，铸坯表面温度平均值从1036 ℃降低到1008 ℃，压下量对铸坯内部各点的温度平均值影响不大。图4.10（b）显示，随着压下量增加，铸坯厚度方向上各点的应变速率平均值呈增大趋势。

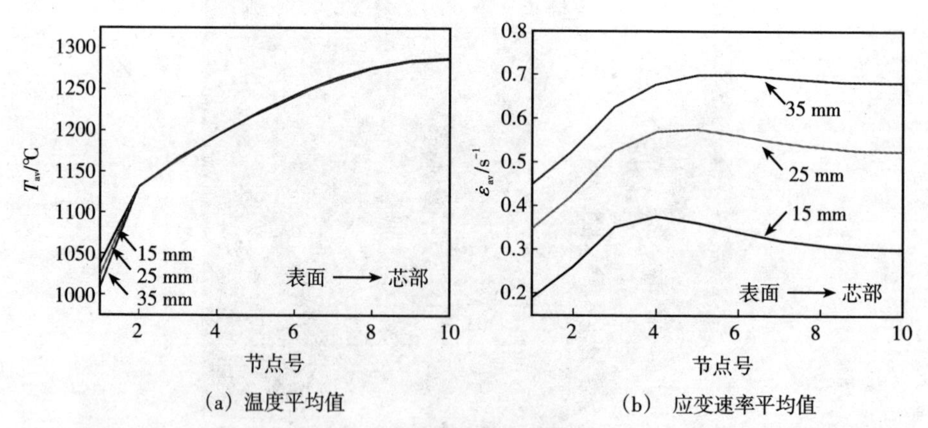

图4.10　不同压下量条件下连铸坯厚度方向的温度平均值和应变速率平均值

根据以上计算结果和分析，可对Nb-Ti微合金钢连铸坯厚度方向的动态再结晶体积分数和动态再结晶奥氏体晶粒尺寸进行定量计算。铸坯在轧制温度1100 ℃，压下量15，25，35 mm时厚度方向上的临界应变值、动态再结晶体积分数和动态再结晶奥氏体晶粒尺寸的计算结果如图4.11所示。

图4.11（a）显示，当轧制温度为1100 ℃时，随着压下量从15 mm增加至35 mm，铸坯相同位置处的动态再结晶临界应变值呈增加趋势。增加压下量能够显著促进金属流动，使金属的应变速率增加，提高了Zener-Holomon参数，因此增大了临界应变值。在相同压下量时，铸坯表面至芯部的临界应变值呈减小趋势，这是因为铸坯芯部温度高，Zener-Holomon参数也随之降低，使表面至芯部的临界应变值呈减小趋势。

图4.11（b）显示，在轧制温度为1100 ℃时，随着压下量增加，铸坯表面至芯部的动态再结晶体积分数均呈增大的趋势。当压下量为15 mm时，铸坯芯部几乎不发生动态再结晶。当压下量为35 mm时，铸坯近表面的动态再结晶体积分数为12.07%，芯部的动态再结晶体积分数为45.71%，这反映了在相同轧制温度下，增大压下量会显著增大铸坯芯部的动态再结晶体积分数。由于芯部具有较高温度和较低临界应变，因此，铸坯芯部更容易发生动态再结晶，从而明显增大芯部动态再结晶体积分数。

图4.11（c）显示，在轧制温度为1100 ℃时，铸坯相同位置处的奥氏体晶粒尺寸随压下量的增加而减小。在相同压下量时铸坯表面至芯部的奥氏体晶粒尺寸均呈增大趋势。当压下量为15 mm时，铸坯表面至芯部奥氏体晶粒尺寸从93 μm增大至145 μm。当压下量为25 mm时，铸坯表面至芯部的奥氏体晶粒尺寸从82 μm增大至137 μm。当压下量为35 mm时，铸坯表面的奥氏体晶粒尺寸为76 μm，芯部的奥氏体晶粒尺寸为133 μm。反映了在相同轧制温度下，增加变形量能够细化铸坯厚度方向的动态再结晶奥氏体晶粒。

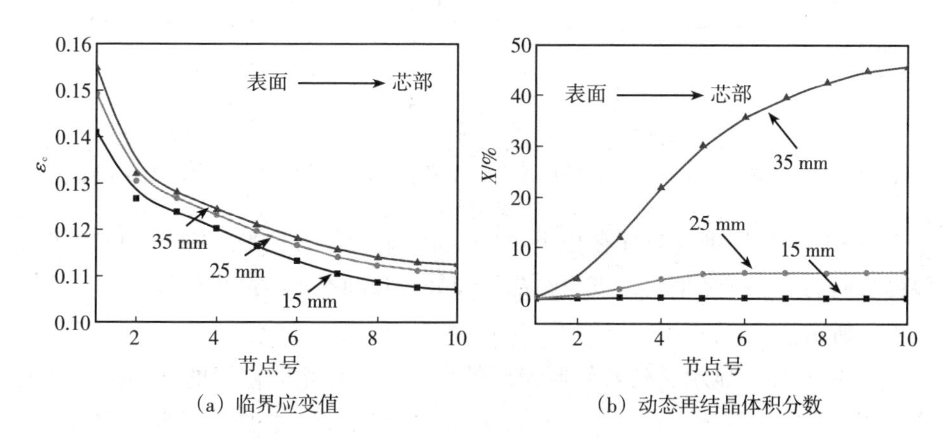

（a）临界应变值　　（b）动态再结晶体积分数

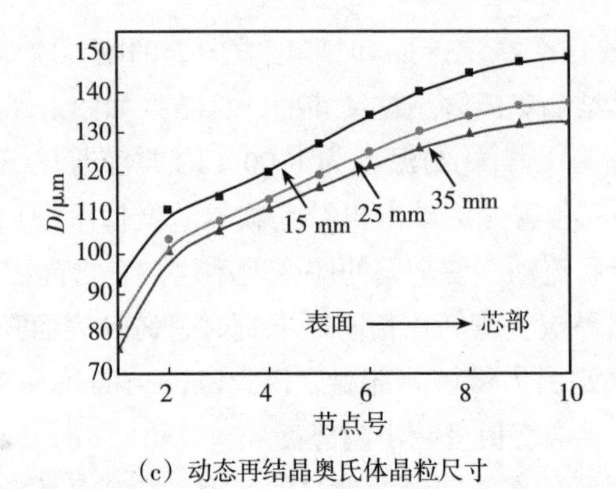

（c）动态再结晶奥氏体晶粒尺寸

图4.11　不同压下量条件下连铸坯厚度方向的组织均匀性计算结果

4.2.3　轧制温度对动态再结晶体积分数和晶粒尺寸的影响

Nb-Ti微合金钢连铸坯在压下量35 mm，轧制温度900，1000，1100 ℃变形条件下，铸坯厚度方向上各点的温度平均值和应变速率平均值如图4.12所示。图4.12（a）显示，在热芯大压下轧制过程中，铸坯的表面温度较铸坯芯部温度明显降低。图4.12（b）显示，当轧制温度较高时，铸坯芯部应变速率明显提高。

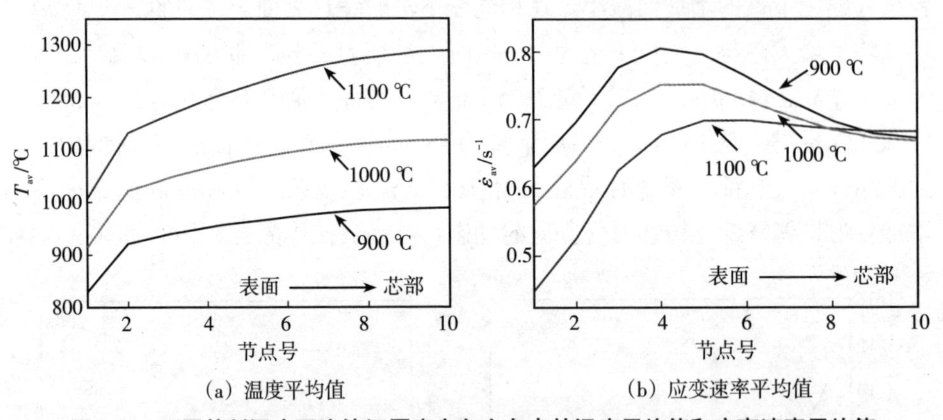

（a）温度平均值　　（b）应变速率平均值

图4.12　不同轧制温度下连铸坯厚度方向上各点的温度平均值和应变速率平均值

Nb-Ti微合金钢连铸坯在压下量35 mm，轧制温度900，1000，1100 ℃时厚度方向的临界应变值、动态再结晶体积分数和动态再结晶奥氏体晶粒尺寸如图4.13所示。

图4.13（a）显示，随着轧制温度的升高，铸坯相同位置的动态再结晶临界应变值呈减小趋势。在相同轧制温度时，铸坯表面至芯部的临界应变值也呈减小趋势。提高轧制温度能够明显降低Zener-Holomon参数，因此临界应变值

也随着轧制温度提高而减小。

图4.13（b）显示，当轧制温度为900 ℃时，铸坯表面至芯部的动态再结晶体积分数仅由0.015%增加至0.52%，几乎未发生动态再结晶。这是因为轧制温度低，铸坯变形抗力大，变形难以渗透至铸坯芯部，铸坯难以发生动态再结晶。当轧制温度增加至1100 ℃时，铸坯表面至芯部的动态再结晶体积分数得到显著增大，说明只有同时具备大温度梯度和大变形量条件，才能够使轧制变形进一步传递至铸坯芯部，并使铸坯芯部发生明显的动态再结晶。

图4.13（c）显示，在相同压下量时，铸坯表面至芯部的奥氏体晶粒尺寸呈增大趋势。当轧制温度为900 ℃时，铸坯表面至芯部的奥氏体晶粒尺寸从42 μm增大至68 μm。当轧制温度为1000 ℃时，铸坯表面至芯部的奥氏体晶粒尺寸从57 μm增大至95 μm。当轧制温度为1100 ℃时，铸坯表面的奥氏体晶粒尺寸为76 μm，芯部的奥氏体晶粒尺寸为133 μm。反映出芯部温度过高，奥氏体晶粒长大动力学明显加快，导致奥氏体晶粒细化效果不明显。而芯部温度过低，变形难以渗透至芯部，奥氏体动态再结晶不容易发生。因此，芯部温度过低或过高都不利于晶粒的细化。

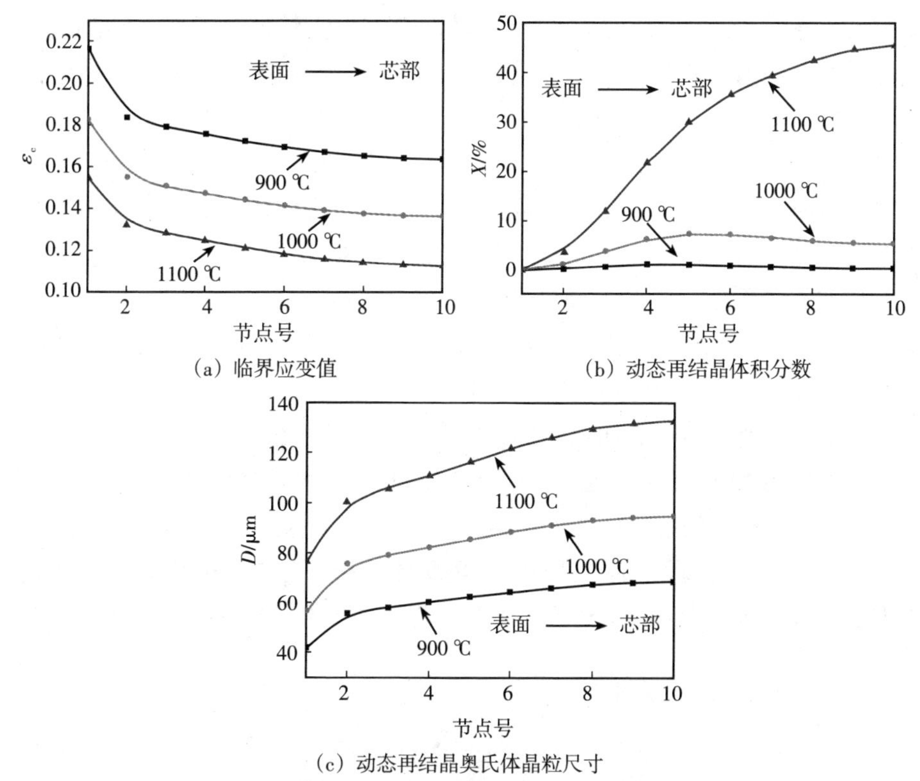

（a）临界应变值

（b）动态再结晶体积分数

（c）动态再结晶奥氏体晶粒尺寸

图4.13 不同轧制温度下连铸坯厚度方向上组织均匀性计算结果

4.3 本章小结

本章采用Deform-3D有限元模拟软件，建立了连铸坯热芯大压下轧制过程的三维刚-黏塑性热力有限元模型，并结合高温黏塑性动态再结晶模型和动态再结晶奥氏体晶粒尺寸模型，对热芯大压下轧制过程Nb-Ti微合金钢铸坯不同位置的动态再结晶体积分数和奥氏体动态再结晶晶粒尺寸进行了定量分析，结果如下：

（1）采用Deform-3D有限元软件，以河北钢铁集团钢铁技术研究总院中试基地的立式连铸机和热轧试验机为原型，建立了热芯大压下轧制过程三维黏塑性热力耦合模型，计算了Nb-Ti微合金钢连铸坯热芯大压下轧制过程铸坯厚度方向上的温度分布、应变分布和应变速率分布。

（2）根据热芯大压下轧制过程铸坯厚度方向上的温度分布、应变分布和应变速率分布，研究了压下量对铸坯厚度方向的动态再结晶体积分数和动态再结晶奥氏体晶粒尺寸的影响。在轧制温度1100 ℃下，铸坯相同位置处的奥氏体晶粒尺寸随压下量的增加而减小。在相同压下量时，铸坯表面至芯部的奥氏体晶粒尺寸均呈增加趋势。当压下量为15 mm时，铸坯表面至芯部奥氏体晶粒尺寸从93 μm增大至145 μm。当压下量为25 mm时，铸坯表面至芯部的奥氏体晶粒尺寸从82 μm增大至137 μm。当压下量为35 mm时，铸坯表面至芯部的奥氏体晶粒尺寸从76 μm增大至133 μm。在相同轧制温度下，增加变形量能够细化铸坯厚度方向上的动态再结晶奥氏体晶粒。

（3）研究了轧制温度对铸坯厚度方向的动态再结晶体积分数和动态再结晶奥氏体晶粒尺寸的影响。铸坯相同位置的奥氏体晶粒尺寸随轧制温度的增加而增大。在相同压下量时铸坯表面至芯部的奥氏体晶粒尺寸呈增加趋势。当轧制温度为900 ℃时，铸坯表面至芯部的奥氏体晶粒尺寸从42 μm增大至68 μm。当轧制温度为1000 ℃时，铸坯表面至芯部的奥氏体晶粒尺寸从57 μm增大至95 μm。当轧制温度为1100 ℃时，铸坯表面至芯部的奥氏体晶粒尺寸从76 μm增大至133 μm。铸坯芯部温度过高，奥氏体晶粒细化效果不明显。而铸坯芯部温度过低，变形难以渗透至铸坯芯部，动态再结晶不容易发生。

第5章　Nb-Ti微合金钢连铸坯热芯大压下轧制组织遗传性研究

在凝固过程中，Nb-Ti微合金钢连铸坯表面至芯部会发生CET转变，即表面为细小的等轴晶，1/4厚度处为粗大的柱状晶，芯部为等轴晶。随着连铸坯断面大型化，这种厚度方向上的组织不均匀性会明显加剧，导致铸坯固态相变后的显微组织也呈现明显的不均匀性，显著降低连铸坯的整体质量。热芯大压下轧制可使铸坯厚度方向发生动态再结晶并显著细化奥氏体晶粒，消除粗大树枝状铸态组织，对铸坯厚度方向上的组织不均匀具有明显的改善效果。连铸坯经矫直和切割后，还需要重新进入加热炉进行奥氏体化过程，然后进行热轧和热处理。钢铁材料中的组织遗传性可以被理解为奥氏体在经过γ-α-γ相变后两个阶段的晶粒形貌和尺寸的变化程度，组织遗传性会导致力学性能也具有一定的遗传性。与原始铸坯相比，热芯大压下铸坯具有更均匀的微观组织及更大的致密度。但是，这种良好的组织状态能否遗传至铸坯再加热组织和最终热轧成品组织中仍有待研究。

本章依托河北钢铁集团钢铁技术研究总院中试基地，开展了Nb-Ti微合金钢连铸坯热芯大压下轧制、再加热和控轧控冷试验，研究了热芯大压下轧制对Nb-Ti微合金钢连铸坯微观组织和微合金第二相粒子的影响，并建立Nb-Ti微合金钢连铸坯组织跟踪、监测及评价体系，通过微观组织表征、大角度晶界含量统计等方法，系统研究了热芯大压下轧制对最终成品组织遗传性和力学性能的影响。

5.1　实验材料及实验方法

5.1.1　Nb-Ti微合金钢连铸坯热芯大压下轧制试验

依托河北钢铁集团钢铁技术研究总院中试基地，开展Nb-Ti微合金钢连铸坯热芯大压下轧制、再加热和控轧控冷试验，实验设备包括1吨非真空感应炉、带有水平出坯系统的立式连铸机和二辊热轧试验机，设备参数见第4章4.1小节。Nb-Ti微合金钢连铸坯的化学成分与第2章中试验钢的化学成分相同，如表2.1所列。按表中成分进行炼钢与浇铸，试验钢浇铸温度和连铸速度分别为1550 ℃和1 m/min，过热度为30 ℃。Nb-Ti微合金钢连铸坯热芯大压下轧制、再加热和控轧控冷试验过程如图5.1和图5.2所示。在连铸末端，将横截面尺寸为135 mm × 135 mm的Nb-Ti微合金钢连铸坯直接火焰切割成两块，一块空冷至室温，另一块快速运送至轧机进行热芯大压下轧制。热芯大压下轧制前铸坯表面温度约为1000 ℃，单道次变形量为35 mm，轧制速度为0.2 m/s，轧后直接空冷至室温。将原始铸坯命名为CC铸坯，热芯大压下铸坯命名为CC-HHR²铸坯。

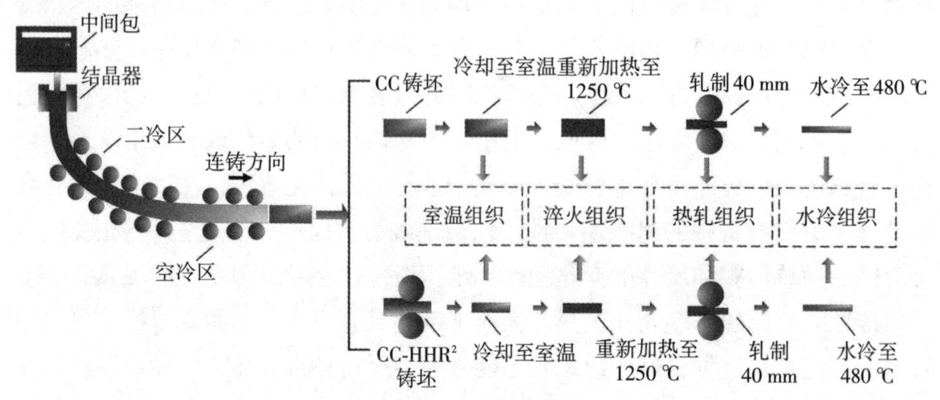

图5.1 CC铸坯和CC-HHR²铸坯再加热和轧制试验过程

(a) 连铸　　(b) 连铸坯运输　　(c) 热芯大压下轧制

图5.2 Nb-Ti微合金钢连铸坯热芯大压下轧制试验过程

对CC铸坯和CC-HHR²铸坯进行再加热和热轧试验，将CC铸坯和CC-HHR²铸坯重新加热至1250 ℃，保温2 h，然后采用相同的再结晶控制轧制和控制冷却工艺。CC铸坯和CC-HHR²铸坯的开轧温度为1150 ℃，终轧温度为

950 ℃，钢板最终厚度为40 mm。轧制结束后采用超快冷设备对热轧钢板以40 ℃/s的速度冷却至480 ℃，然后空冷至室温。CC铸坯和CC-HHR²铸坯再加热轧制后的压下规程如表5.1所列。CC铸坯再加热后轧制压下规程为135→100→73→57→48→43→40 mm，将以该工艺生产的钢板命名为CC钢板。CC-HHR²铸坯再加热后轧制压下规程为100→73→57→48→43→40 mm，将以该工艺生产的钢板命名为CC-HHR²钢板。

表5.1　Nb-Ti微合金钢连铸坯再加热后轧制压下规程

道次	CC铸坯			CC-HHR²铸坯		
	厚度/mm	压下量/mm	温度/°C	厚度/mm	压下量/mm	温度/°C
HHR²	—	—	—	100	35	1000
1	100	35	1150	73	27	1150
2	73	27	1120	57	16	1100
3	57	16	1070	48	9	1020
4	48	9	1020	43	5	980
5	43	5	980	40	3	950
6	40	3	950	—	—	—

5.1.2　组织检测方法

在CC铸坯和CC-HHR²铸坯横截面中心线的表面、1/4厚度处和芯部位置切取尺寸为5 mm × 8 mm × 5 mm的金相试样，取样位置示意图如图5.3所示。由于Nb-Ti微合金钢铸坯凝固组织和室温组织的腐蚀机制不同，因此采用不同的腐蚀剂对铸坯凝固组织和室温组织进行腐蚀。对CC铸坯厚度方向上的凝固组织进行观察，CC铸坯枝晶腐蚀剂包括4 g苦味酸试剂和50 mL蒸馏水，将不同位置的试样浸入水浴恒温加热的腐蚀剂中保温10 s，水浴加热温度为70 ℃。对CC铸坯和CC-HHR²铸坯厚度方向上的室温组织进行显微组织观察，室温组织腐蚀剂为4%硝酸酒精溶液，腐蚀时间为12 s。采用透射电子显微镜对CC铸坯和CC-HHR²铸坯中的微合金析出粒子形貌

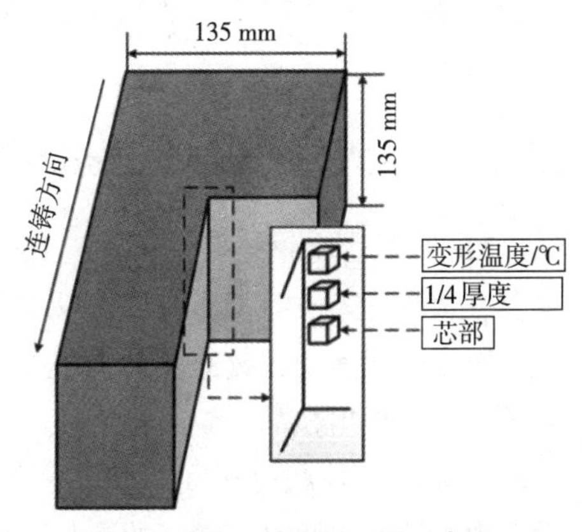

图5.3　连铸坯的取样位置示意图

进行观察。

从CC钢板和CC-HHR²钢板的表面、1/4厚度处和芯部切取金相试样，试样尺寸为4 mm × 5 mm × 4 mm。利用光学显微镜、ZEISS ULTRA 55型扫描电子显微镜（scanning electron microscope，SEM）和透射电子显微镜对试验钢的金相显微组织、SEM形貌、TEM亚结构形貌进行观察。金相试样经研磨抛光后在体积分数为4%的硝酸酒精溶液中腐蚀10 s，然后进行光学显微组织和SEM形貌观察。EBSD试样在体积分数为12.5%的高氯酸和87.5%的无水乙醇溶液中进行电解抛光，电解抛光电压、电流和时间分别为30 V，1.8 A，15 s。从金相试样上切取500 μm厚的薄试样，机械减薄至50 μm后冲成Φ 3 mm的圆盘，采用体积分数为10%的高氯酸乙醇溶液进行双喷减薄，电解双喷减薄温度和电压分别为-30 ℃和31 V。为了观察两种坯料再加热后的原始奥氏体组织，采用第2章所述的化学腐蚀方法对抛光后的试样进行热腐蚀，以显示原奥氏体晶界。

5.1.3 力学性能检测方法

将CC钢板和CC-HHR²钢板沿垂直于轧制方向切取并加工成直径为5 mm，标距长度为25 mm的标准拉伸试样，利用CMT-5105-SANS微机控制电子万能试验机进行拉伸试验，测定试验钢的屈服强度、抗拉强度和断后延伸率，拉伸速率恒定为1 mm/min。在CC钢板和CC-HHR²钢板沿轧制方向切取并加工成尺寸为10 mm × 10 mm × 55 mm的标准冲击试样，试验温度为-20 ℃，利用9250HV落锤冲击试验机进行低温冲击试验，测量试验钢低温V形缺口夏氏冲击功。拉伸平行试样和冲击平行试样均为3个。

5.2 热芯大压下轧制对铸坯组织的影响

5.2.1 Nb-Ti微合金钢连铸坯凝固组织

Nb-Ti微合金钢连铸坯表面、1/4厚度处和芯部的凝固组织形貌如图5.4所示。在凝固过程中，C，S，P和大量Nb，Ti，Cr等合金元素被排到枝晶间区域，由于碳元素和苦味酸试剂的相互作用，高碳浓度区域能够被腐蚀出来，使凝固组织呈现出枝晶形貌。连铸坯的成分、凝固条件和凝固时液体流动对铸坯表面细晶区、柱状晶区和等轴晶区的形成和发展有很大影响。图5.4（a）显示，由于铸坯表面具有较高的冷却速率及较大过冷度，因此铸坯表面处的枝晶形貌清晰可见，且一次枝晶和二次枝晶间距很小。图5.4（b）显示，由于铸坯1/4厚度处的冷却速率降低，因此凝固组织中一次枝晶发生粗化，形成了发达的柱状晶结构。图5.4（c）显示，由于铸坯芯部的冷却速率较小，因此芯部形成了没有特定生长方向的等轴晶。铸坯芯部同时出现柱状晶和等轴晶的混合组织，在等轴晶和柱状晶区域内能够明显观察到疏松和缩孔。疏松和缩孔的形成与枝晶的生长方向有很大关系，两个粗大的枝晶相遇时会形成一个封闭的孔洞，此时钢液难以补充进去，从而形成疏松及缩孔缺陷。对于Nb-Ti微合金钢连铸坯热芯大压下轧制技术而言，铸坯能够直接从连铸过程中获得较大温度梯度，变形更容易渗透至铸坯芯部，使铸坯芯部缩孔明显愈合，提高了铸坯的致密度，同时能有效破碎粗大的柱状晶结构，细化铸坯芯部的粗大组织，提高铸坯厚度方向上的组织均匀性。

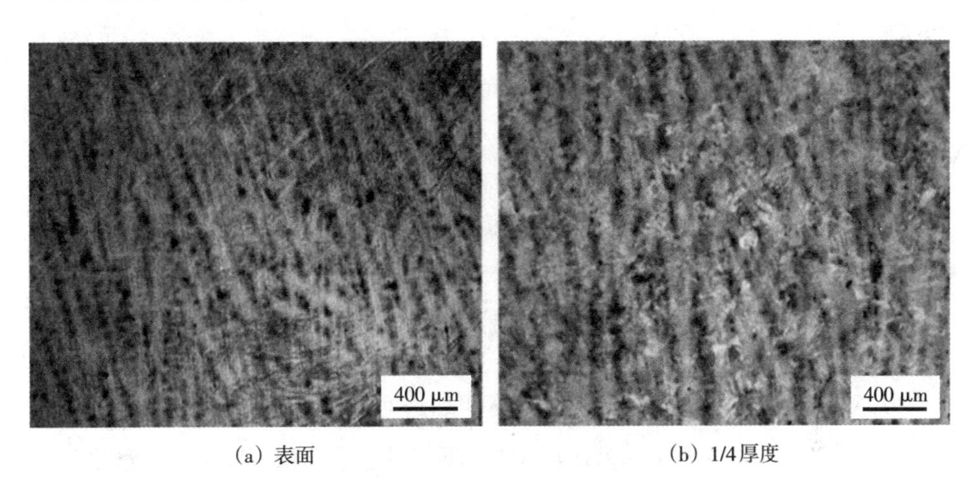

（a）表面　　（b）1/4厚度

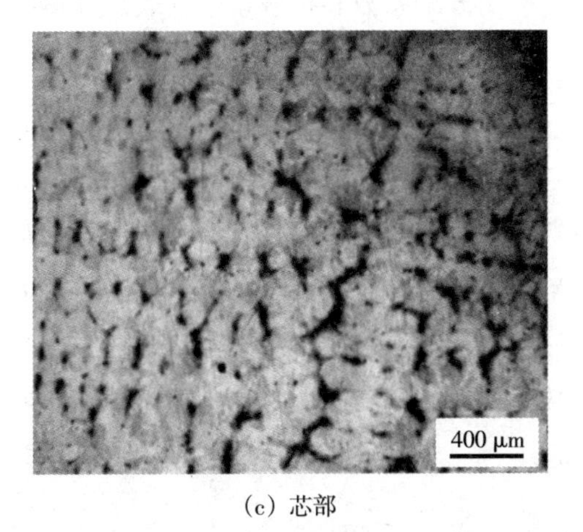

（c）芯部

图5.4　Nb-Ti微合金钢连铸坯的凝固组织

随着凝固过程的进行，溶质元素逐渐富集在枝晶间区域，铸坯内部存在明显的偏析现象。采用Bower等提出的微观偏析模型来描述枝晶间的偏析行为，假设溶质元素在固相中为有限非零扩散，在液相中为完全扩散，枝晶间距为固定值，且固液界面处于平衡状态，其表达式如式（5-1）所示：

$$C_i = C_{0,\ i}\left[1 + f_s(\beta_i k_i - 1)\right]^{(1-k_i)/(\beta_i k_i - 1)} \tag{5-1}$$

式中，C_i为溶质元素在固液界面处的溶质浓度；$C_{0,\ i}$为溶质元素在液相中的初始浓度；k_i为溶质元素的平衡分配系数；f_s为固相率；β_i为反向扩散系数。

采用Won等修订后的β_i，该模型考虑了柱状晶结构的粗化，并且与Koseki的试验数据一致，可以由式（5-2）和式（5-3）表示：

$$\beta_i = 4\alpha_i/(1 + 4\alpha_i) \tag{5-2}$$

$$\alpha_i = D_i t_f / L^2 \tag{5-3}$$

式中，α_i为反向扩散系数；D_i为固相中的扩散系数，m^2/s；t_f为凝固时间，s；L为二次枝晶间距的一半，μm。

其中，二次枝晶间距可用式（5-4）和式（5-5）表示：

$$L = \lambda_{SDAS}/2 \tag{5-4}$$

$$\lambda_{SDAS} = (169.1 - 720.9C_C)C_R^{-0.4935} \tag{5-5}$$

式中，C_C为钢中碳的质量分数；C_R为凝固过程的冷却速率，℃/s。C_R可以通过对铸坯不同位置的二次枝晶间距进行计算得出。

对Nb-Ti微合金钢连铸坯1/4厚度处的枝晶间距进行测量，测得结果为145 μm，其对应的冷却速率为0.45 ℃/s。凝固过程中固相率对溶质扩散有很大影响，各溶质元素的平衡分配系数和扩散系数如表5.2所列。

表5.2　微观偏析模型参数

化学元素	$k_i^{\delta/L}$	$D_i^{\delta}/(m^2 \cdot s^{-1})$	$m_i/(°C \cdot \%^{-1})$	$n_i/(°C \cdot \%^{-1})$
C	0.19	$0.0127\exp(-19450/(RT))$	78.0	-1122
Si	0.77	$8.0\exp(-59500/(RT))$	7.6	60
Mn	0.76	$0.76\exp(-53640/(RT))$	4.9	-12
P	0.23	$2.9\exp(-55000/(RT))$	34.4	140
S	0.05	$4.56\exp(-51300/(RT))$	38.0	160
Nb	0.22	$50\exp(-251960/(RT))$	—	—
Ti	0.38	$3.15\exp(-59200/(RT))$	—	—

Nb-Ti微合金钢连铸坯的液相线温度和固相线温度可以由式（5-6）和式（5-7）表示。因此，可由式（5-8）来计算铸坯的凝固时间t_f：

$$T_{liq} = 1536 - \sum_{i=1}^{N} m_i C_{0,\ i} \tag{5-6}$$

$$T_{Ar_4} = 1392 - \sum_{i=1}^{N} n_i C_{0,\ i} \tag{5-7}$$

$$t_f = \left(T_{liq} - T_{sol}\right)/C_R \tag{5-8}$$

式中，T_{liq}为Nb-Ti微合金钢连铸坯液相线温度，K；T_{sol}为固相线温度，K；m_i和n_i分别为液相线和固相线的斜率，℃·%$^{-1}$；N为元素个数。

采用Thermo-Calc软件计算Nb-Ti微合金钢在平衡条件下的凝固顺序，如图5.5所示。由图可知，Nb-Ti微合金钢的液相线温度为1520 ℃，随着凝固过程的进行，首先发生包晶反应，在液相中形成δ-Fe。随着温度降低，Nb-Ti微合金钢在1476～1485 ℃为液相、δ-Fe和γ相的三相共存区。最后，Nb-Ti微合金钢在1473 ℃时完全转变为γ相。此外，Nb-Ti微合金钢在冷却过程中会发生固态相变，奥氏体会进一步转变为铁素体和珠光体组织，其中Ac_1和Ac_3分别为682 ℃和835 ℃。

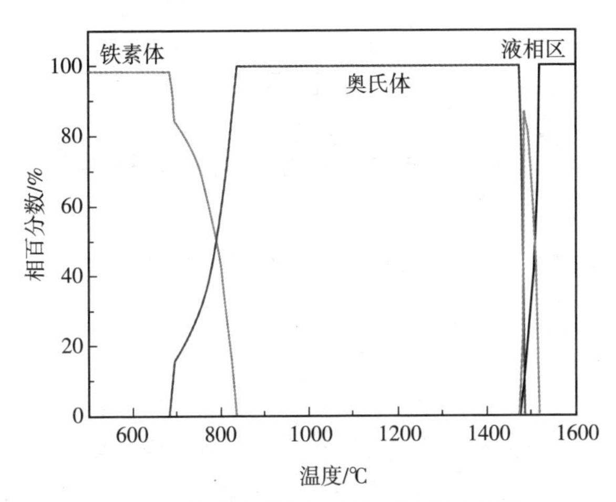

图5.5　试验钢在平衡条件下的相变温度

Nb-Ti微合金钢连铸坯中溶质元素的偏析指数可用枝晶间溶质浓度和初始溶质浓度的比值$C_i/C_{0,\ i}$来表示。在凝固过程中Nb-Ti微合金钢连铸坯固相率随温度的变化如图5.6所示。根据不同温度下的固相率可计算出凝固过程中枝晶间溶质元素的偏析指数随固相率变化的规律。图5.7为Nb-Ti微合金钢连铸坯凝固过程中枝晶间溶质元素的偏析指数随固相率变化的规律。图5.7（a）显示，随着温度降低，溶质元素C，Si，Mn，P和S的偏析指数均随着固相率的增加而增大，S和P的偏析指数较其他元素明显增大，在凝固后期达到最大值。由于铸坯在固-液界面处S和P的平衡分配系数较小，溶质元素在凝固过程中会不断在枝晶间富集，因此S和P在凝固末端呈现出很强的偏析趋势。图5.7（b）显示，微合金元素Nb和Ti的偏析指数也随着固相率的增加而增大。由于Ti的偏析指数较大，因此Ti的碳氮化物在连铸坯的凝固过程中会析出。由于Nb的偏析指数相对较小，Nb元素随着连铸坯凝固过程的进行，首先会在枝晶间发生偏聚，随后在凝固后期形成尺寸较大的Nb的碳氮化物。

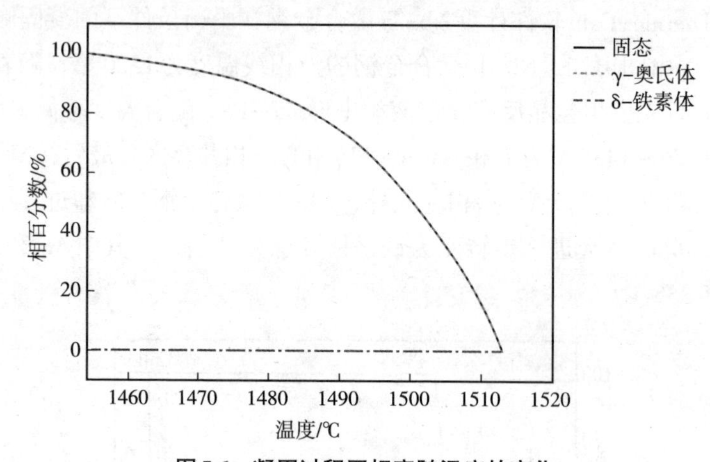

图5.6　凝固过程固相率随温度的变化

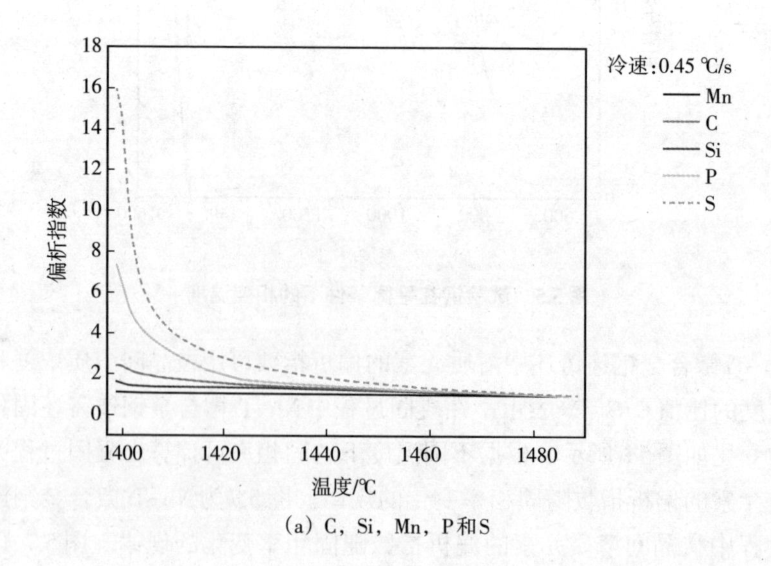

（a）C，Si，Mn，P和S

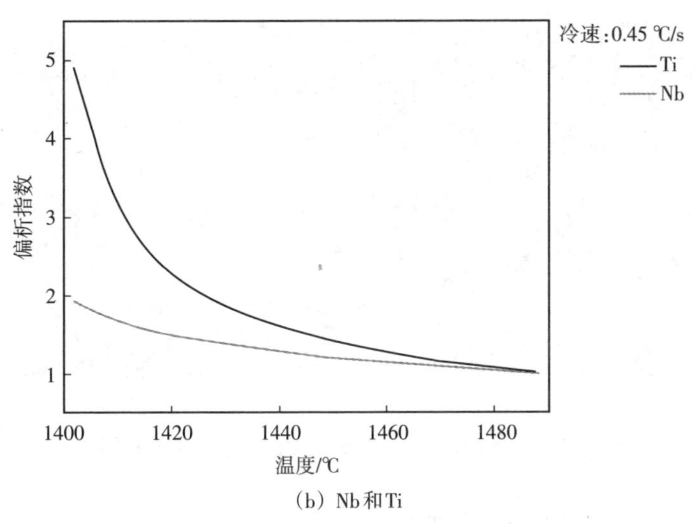

（b）Nb和Ti

图5.7　溶质元素偏析指数随固相率的变化

5.2.2　热芯大压下轧制对铸坯显微组织的影响

CC铸坯和CC-HHR²铸坯厚度方向上的低倍显微组织如图5.8所示。图5.8

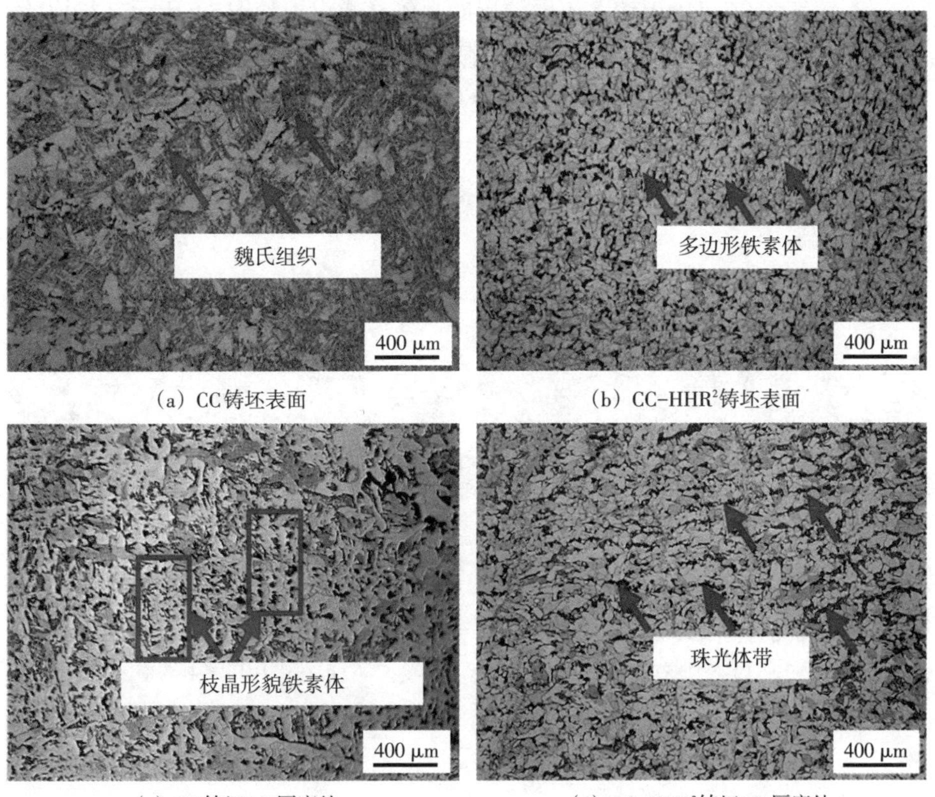

（a）CC铸坯表面　（b）CC-HHR²铸坯表面

（c）CC铸坯1/4厚度处　（d）CC-HHR²铸坯1/4厚度处

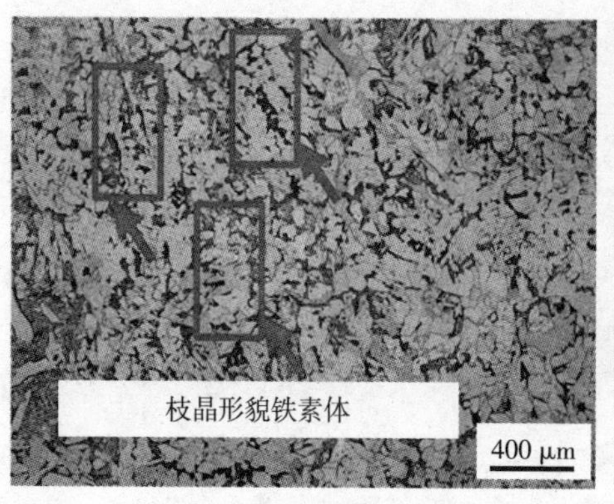

(e) CC铸坯芯部

(f) CC-HHR²铸坯芯部

图5.8　CC铸坯和CC-HHR²铸坯不同位置的低倍显微组织

(a)(c)(e)显示，CC铸坯表面至芯部显微组织由粗大多边形铁素体、魏氏组织和少量珠光体组成。图5.8(b)(d)(f)显示，CC-HHR²铸坯表面至芯部由细小的多边形铁素体和弥散分布的珠光体组成，较CC铸坯的芯部组织得到明显细化，魏氏组织消失。

CC铸坯和CC-HHR²铸坯不同位置的高倍显微组织如图5.9所示。与CC铸坯相比，CC-HHR²铸坯表面至芯部的显微组织得到明显细化。采用截线法测量，CC铸坯表面至芯部的铁素体晶粒尺寸分别约为82，105，128 μm，CC-HHR²铸坯表面至芯部的铁素体晶粒尺寸分别约为69，63，65 μm，如图5.10所示。CC-HHR²铸坯厚度方向上的铁素体晶粒尺寸差值明显减小，组织均匀性明显提高。

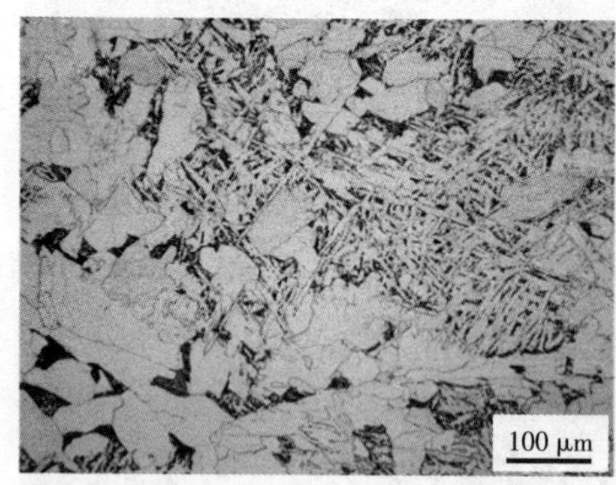

(a) CC铸坯表面

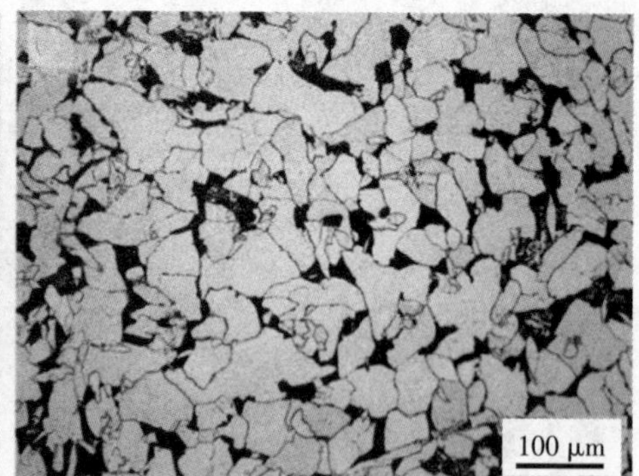

(b) CC-HHR²铸坯表面

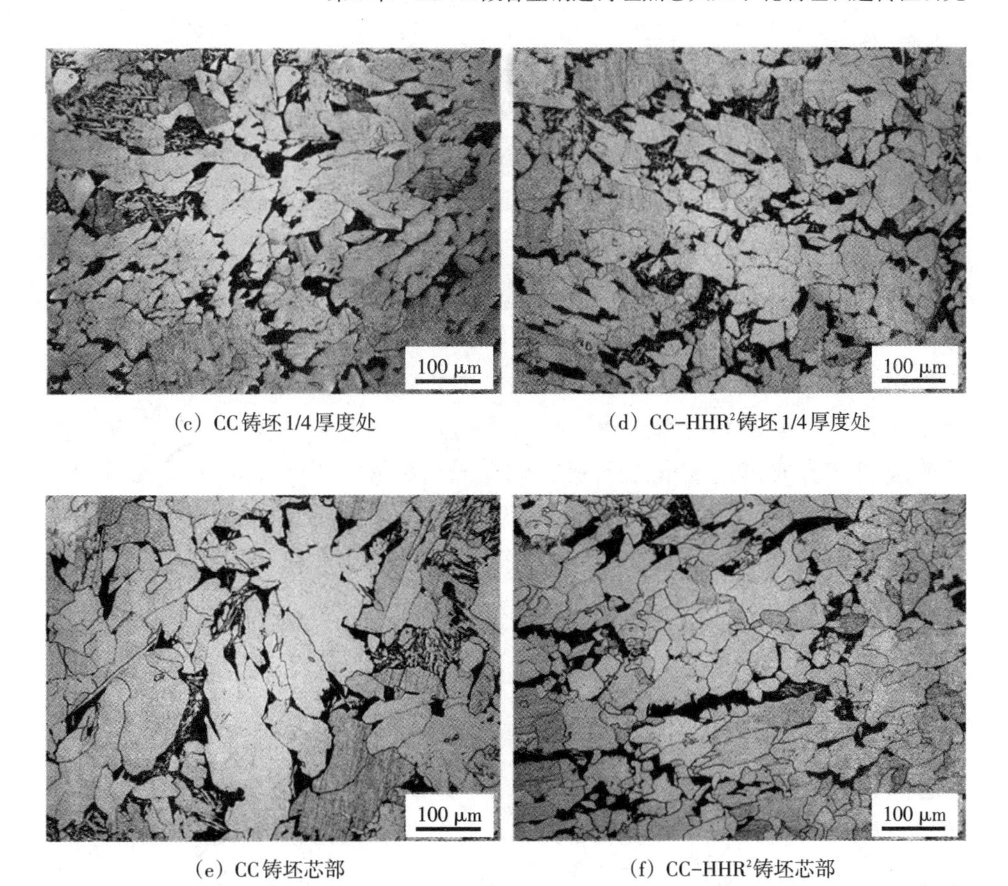

（c）CC铸坯1/4厚度处　　（d）CC-HHR²铸坯1/4厚度处

（e）CC铸坯芯部　　（f）CC-HHR²铸坯芯部

图5.9　CC铸坯和CC-HHR²铸坯不同位置的高倍显微组织

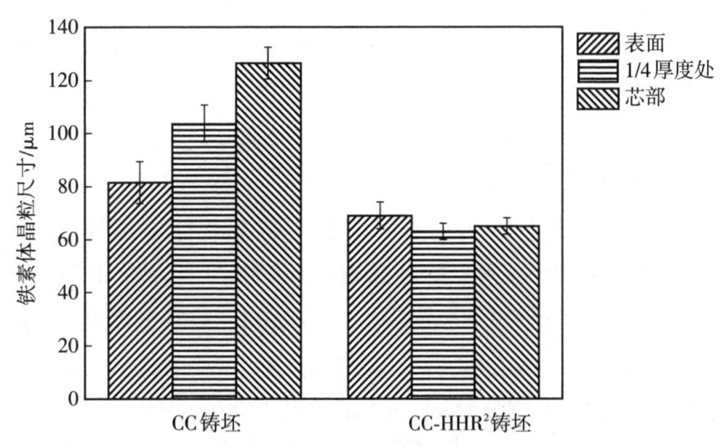

图5.10　CC铸坯和CC-HHR²铸坯不同位置的铁素体晶粒尺寸

Nb-Ti微合金钢连铸坯在连铸过程中会形成粗大的奥氏体晶粒，在随后的冷却和相变过程中，粗大奥氏体晶粒会形成魏氏组织。由于魏氏组织粗大且呈现很强的方向性，因此在铸坯中被视为有害组织。此外，CC铸坯在1/4厚度处和芯部的铁素体呈现出枝晶形貌，说明铁素体在枝晶区域形成，珠光体在枝晶间区域形成。在凝固过程中，奥氏体优先在δ-Fe和液相的界面处形核，此时，溶质元素难以扩散，枝晶间的C和Mn等溶质元素在L-δ相变过程中发生了微观偏析，在凝固过程中转变为富集溶质的奥氏体，在随后的扩散相变过程中形成珠光体组织。由于铸坯在包晶反应温度下的液相体积分数和铸坯在室温下的珠光体体积分数相同，因此珠光体在包晶反应温度下的液相处形成，而枝晶处的奥氏体在随后的相变中会形成枝晶铁素体，使CC铸坯中的显微组织呈现出枝晶状形貌。在CC铸坯的凝固过程中，未变形奥氏体晶粒内部的缺陷少，奥氏体-铁素体相变主要发生在奥氏体晶界上，铁素体优先在奥氏体晶界交汇处形核。CC铸坯芯部具有较低的冷却速率，导致芯部的铁素体晶粒粗大，很难在整个厚度方向上获得均匀的组织。

热芯大压下轧制过程中，当连铸坯表面轧制温度为1000 ℃时，对应的铸坯芯部温度为1127 ℃，铸坯芯表温差大，变形更容易渗透至铸坯芯部，铸坯芯部的奥氏体内部变形程度提高，铸坯芯部会发生一定程度的动态再结晶，芯部奥氏体晶粒明显细化，晶界含量显著提高。由于奥氏体晶界处的扩散激活能远比晶粒内部低，碳原子和铁原子在晶界处的扩散系数比晶粒内部的扩散系数大，原子在这些缺陷处的扩散比晶内更容易，因此铁素体形核发生在奥氏体晶界处。铸坯芯部奥氏体晶粒细化，晶界面积大量增加使铁素体形核点明显增多，从而提高了铁素体的形核率，缩短了奥氏体向铁素体转变的孕育期，最终在室温下得到细小的多边形铁素体和珠光体组织。因此，热芯大压下轧制能够通过动态再结晶使原始铸态组织充分细化，有效破碎铸坯粗大的柱状晶结构，明显提高铸坯厚度方向上的组织均匀性。

铸坯在凝固过程中形成的疏松和缩孔会破坏基体连续性而导致裂纹形成。CC铸坯和CC-HHR^{2}铸坯中的芯部缩孔如图5.11所示。由图可知，CC铸坯在凝固过程中形成了严重的芯部缩孔，CC-HHR^{2}铸坯芯部缩孔得到明显消除。Ji等采用有限元数值模拟计算，表明只有压下率超过30%才能使400 mm厚的铸坯芯部缩孔得以愈合。Deng等指出要使140 mm厚钢板中的内裂纹完全压合，压下率需达到14%。Yu等的研究结果表明，采用常规轧制工艺生产60 mm的Q345钢板，当压下率为50%时，芯部位置的压下率还不到10%；当采用温度梯度轧制时，随着压下率增加，铸坯的峰值应变向芯部位置靠近。因此，温度梯度轧制更有利于消除铸坯的芯部缩孔。在铸坯凝固过程中，钢液的选分结晶及凝固收缩特性会导致铸坯形成疏松、缩孔和组织不均匀等缺陷。减少铸坯的芯部疏松和缩孔程度，破碎铸坯粗大柱状晶结构，对于生产高品质连铸坯而言至关重要。

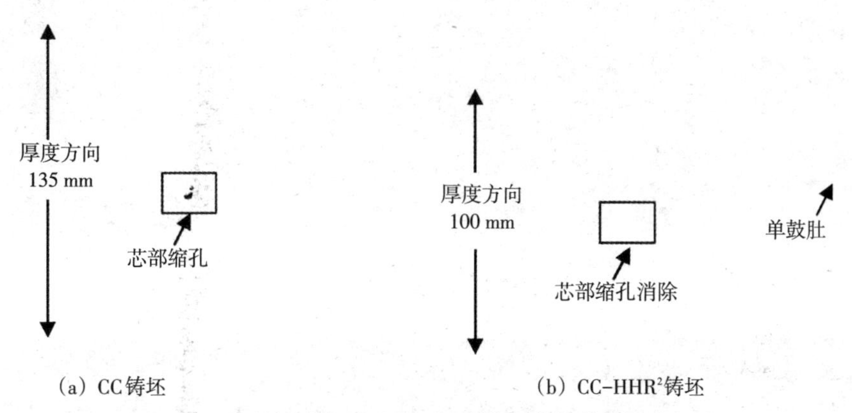

（a）CC铸坯　　（b）CC-HHR²铸坯

图5.11　CC铸坯和CC-HHR²铸坯中的芯部缩孔

5.2.3　热芯大压下轧制对铸坯中微合金析出粒子的影响

Nb-Ti微合金钢连铸坯在冷却过程中会发生微合金第二相粒子沉淀析出，第二相粒子沉淀析出属于扩散型相变，对于扩散型相变，形核率受形核点数量和原子扩散能力两个方面的影响。Nb-Ti微合金钢连铸坯在连铸过程中第二相粒子的析出行为极其复杂，其形貌和分布较常规板坯再加热和热轧后有很大区别。在连铸过程中，铸坯表面受到较强的冷却，使析出驱动力大大增加，导致铸坯表面、角部和边缘区域会有更多的第二相粒子析出。在铸坯凝固过程中，芯部为溶质富集区，溶质浓度梯度大，溶质分布不均匀。与铸坯的表面和芯部相比，铸坯1/4厚度处具有较小的溶质浓度梯度。因此，对CC铸坯和CC-HHR²铸坯1/4厚度处的析出粒子进行TEM形貌观察和EDX能谱分析，如图5.12和图5.13所示。为减小误差，对第二相粒子的直径进行测量，测量结果如图5.14所示。

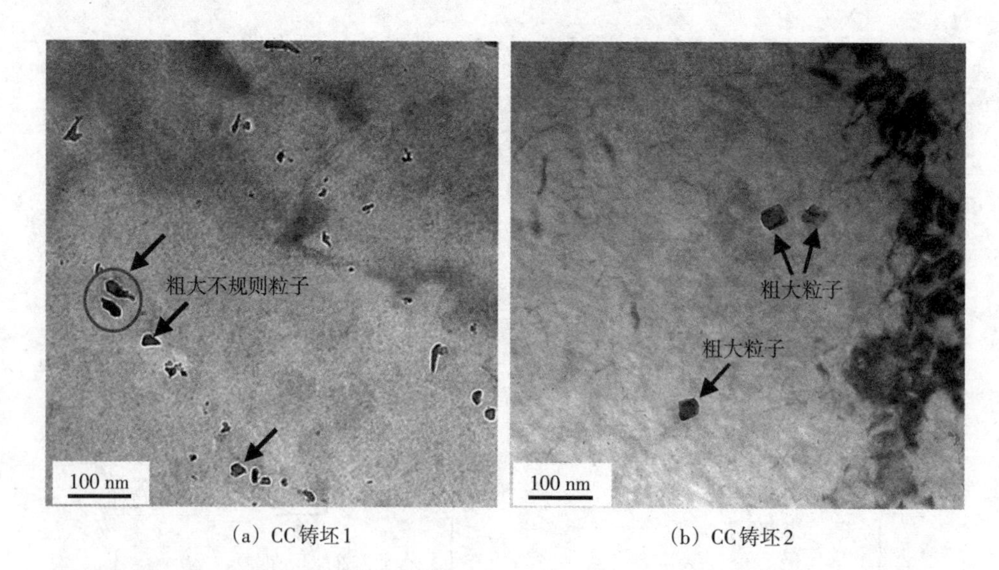

（a）CC铸坯1　　（b）CC铸坯2

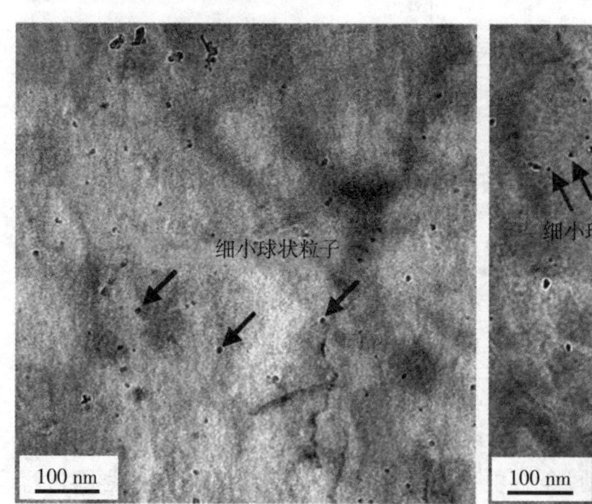

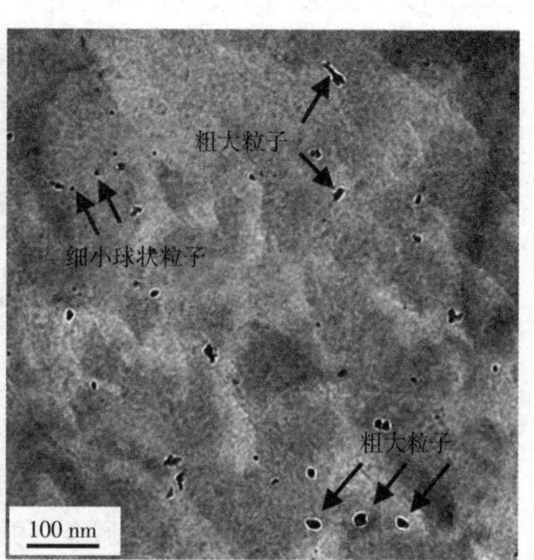

（c）CC-HHR²铸坯1　　（d）CC-HHR²铸坯2

图5.12　CC铸坯和CC-HHR²铸坯中析出粒子TEM形貌图

图5.12（a）（b）显示，在CC铸坯中，一些粗大且不规则的析出粒子和少量尺寸细小的析出粒子不均匀地分布于铁素体中。图5.13（a）和图5.14（a）显示，直径为20～50 nm的粗大且不规则的析出粒子数量百分数为81%，它们是在连铸坯冷却过程中沿奥氏体晶界析出的，在随后的固态相变中保留至铁素体基体中，用EDX确定其主要为（Nb，Ti)(C，N）析出粒子，而尺寸为6～20 nm的细小析出粒子数量百分数为17%，它们是在铁素体中形核并析出的，尺寸较小，主要为NbC，TiC和（Nb，Ti)C粒子。

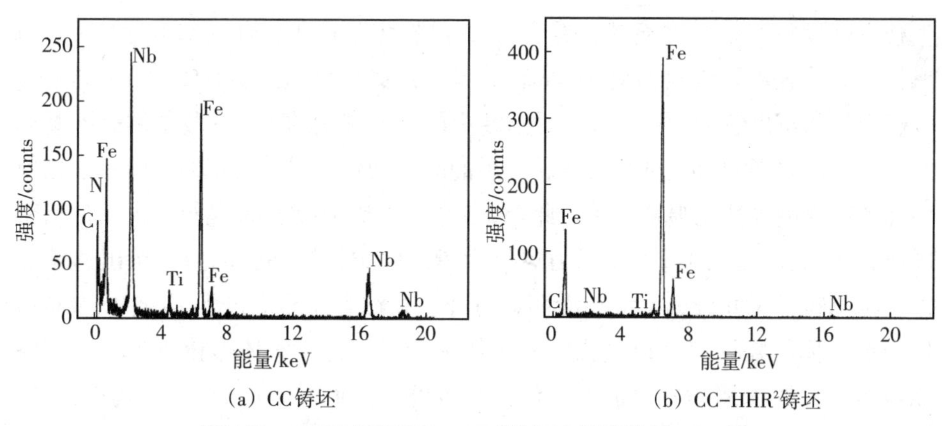

(a) CC铸坯　　(b) CC-HHR²铸坯

图5.13　CC铸坯和CC-HHR²铸坯中析出粒子EDX谱

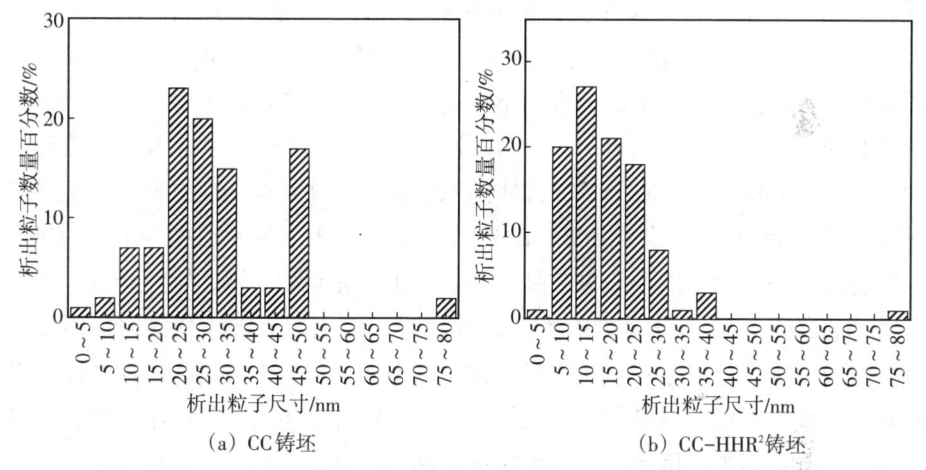

(a) CC铸坯　　(b) CC-HHR²铸坯

图5.14　CC铸坯和CC-HHR²铸坯中的析出粒子尺寸分布图

由图5.12（c）（d）可知，在CC-HHR²铸坯中，在铁素体基体中可同时观察到少量粗大的析出粒子和大量尺寸细小的析出粒子，与CC铸坯相比，CC-HHR²铸坯中细小的球形微合金第二相析出粒子数量明显增多，并均匀弥散地分布于铁素体基体中，而粗大且不规则的析出粒子数量明显减少。图5.13（b）和图5.14（b）显示，尺寸为6～20 nm的细小析出粒子的数量百分数为68%，这些细小的析出粒子是NbC，TiC和（Nb，Ti)C，它们是在冷却过程中的铁素体基体中形成的。CC-HHR²铸坯中尺寸为20～35 nm的析出粒子数量百分数为27%，它们在铸坯凝固过程和热芯大压下轧制过程中奥氏体基体中形成，然后保留至铁素体基体中。

在CC铸坯连铸过程中，由于Ti具有较高的偏析指数，在凝固过程早期就会形成粗大的TiN粒子，随着温度的降低，铸坯在凝固过程中各溶质元素会发生枝晶间偏析，枝晶间通常会有含有Nb的析出相产生，此时TiN会作为异质形核点，使NbC附着在TiN上形成粗大且不规则的（Nb，Ti)(C，N)，导致微合金第二相析出粒子的尺寸较大，这些大的、不规则的碳氮化物能够破坏基体的连续性，并影响铸坯再加热及轧制后的晶粒细化效果，对钢的热塑性、延伸性和疲劳强度等性能损害较大。此外，未变形铸坯中奥氏体晶粒粗大，位错密度小，第二相粒子的析出驱动力仅仅为奥氏体中过饱和驱动力，析出速率缓慢，析出粒子尺寸较大，分布无明显特征。在铁素体相变过程中，由于CC铸坯中奥氏体晶粒尺寸大，奥氏体晶界数量少，导致铁素体形核点少，铁素体晶粒粗大，铁素体晶界数量少，位错密度低，进而导致微合金析出粒子在铁素体基体中的形核位置也非常少，因此，CC铸坯的铁素体基体中细小的第二相粒子析出数量少，粗大的粒子析出数量较多，且不规则分布在基体中。

对于CC-HHR^{2}铸坯，热芯大压下轧制使奥氏体中的位错、晶界和亚晶界等缺陷显著增多，第二相粒子析出驱动力明显增大，并增加了第二相粒子的形核点数量。当NbC，TiC，(Nb，Ti)C沿着过冷奥氏体的晶界析出时，消耗了奥氏体中的溶质原子，降低了奥氏体的稳定性，使铁素体相变更容易发生，在一定程度上促进了铁素体相变。此外，当热芯大压下轧制温度为1000 ℃时，铸坯会发生一定程度的动态再结晶，热芯大压下轧制结束后，铸坯会进一步发生静态再结晶，使铸坯中奥氏体晶粒得到明显细化，奥氏体晶界数量明显增多，增加了铁素体的形核点，明显细化了铁素体晶粒，大大提高了铁素体晶界数量，在一定程度上促进了析出粒子在铁素体中沉淀析出，使细小的微合金第二相粒子数量增加。因此，热芯大压下轧制可促进微合金第二相粒子在奥氏体中应变诱导析出和在铁素体中弥散析出，这些细小的微合金第二相粒子对铸坯后续再加热过程的奥氏体晶粒细化也具有很大影响。

5.3 热芯大压下轧制对铸坯再加热奥氏体组织的影响

5.3.1 热芯大压下轧制对再加热奥氏体晶粒的影响

CC铸坯和CC-HHR^{2}铸坯在再加热温度1250 ℃，保温2 h直接淬火后的奥氏体形貌如图5.15所示。对CC铸坯和CC-HHR^{2}铸坯再加热后的奥氏体晶粒尺寸进行测量，测量结果如图5.16所示。图5.15（a）（c）（e）显示，再加热后的CC铸坯表面至芯部的奥氏体晶粒尺寸呈逐渐增大趋势，尺寸分别约为119，140，158 μm。图5.15（b）（d）（f）显示，再加热后的CC-HHR^{2}铸坯表面至芯部的奥氏体晶粒明显细化，尺寸分别约为80，72，75 μm。CC-HHR²铸坯再加热后的奥氏体晶粒较CC铸坯明显细化，组织均匀性也明显提高。CC铸坯和CC-HHR²铸坯再加热后的奥氏体晶粒尺寸变化规律与CC铸坯和CC-HHR²铸坯再加热前的铁素体晶粒尺寸变化规律相同，说明铸坯再加热前后具有一定程度的组织遗传性。

热芯大压下轧制使铸坯中奥氏体晶粒明显细化，并促进了铁素体相变，铁素体晶界数量明显增加使析出粒子数量增加。加热前铁素体晶粒越细小，再加热过程中奥氏体形核位置越多，形核率越高，越有利于细化初始奥氏体晶粒。此外，热芯大压下轧制及冷却过程中形成的细小析出粒子能够有效钉扎奥氏体晶界，抑制奥氏体晶粒长大，明显提高奥氏体的粗化温度，使铸坯再加热后的奥氏体晶粒继续保持细小且均匀的分布。因此，铸坯再加热后组织遗传性的存在主要是由CC-HHR²铸坯中的微合金析出粒子引起的。

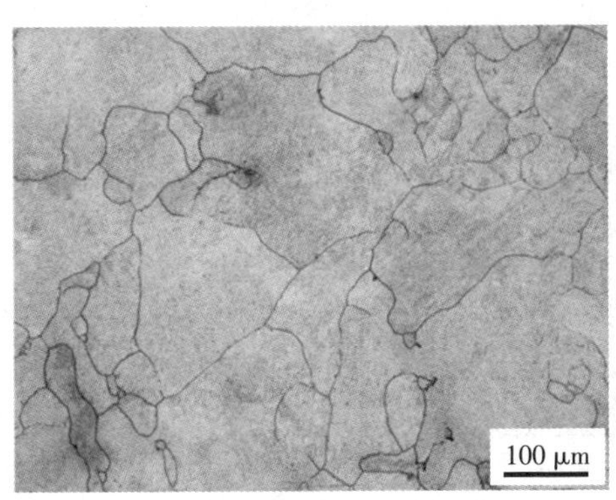

（a）CC铸坯表面

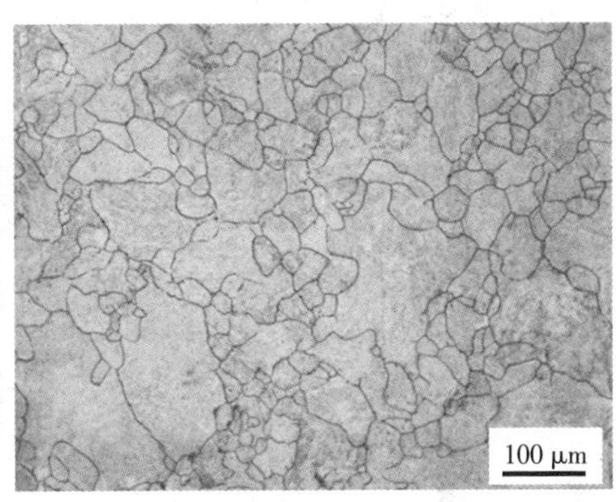

（b）CC-HHR²铸坯表面

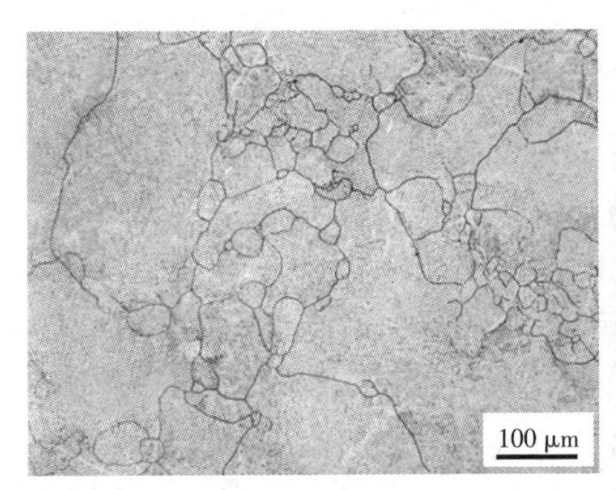

（c）CC铸坯1/4厚度处

（d）CC-HHR²铸坯1/4厚度处

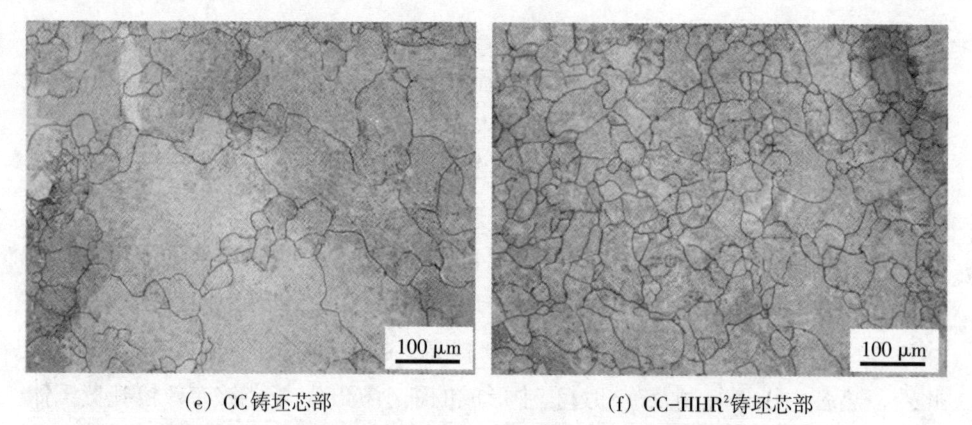

(e) CC铸坯芯部　　(f) CC-HHR²铸坯芯部

图5.15　CC铸坯和CC-HHR²铸坯再加热后奥氏体晶粒形貌

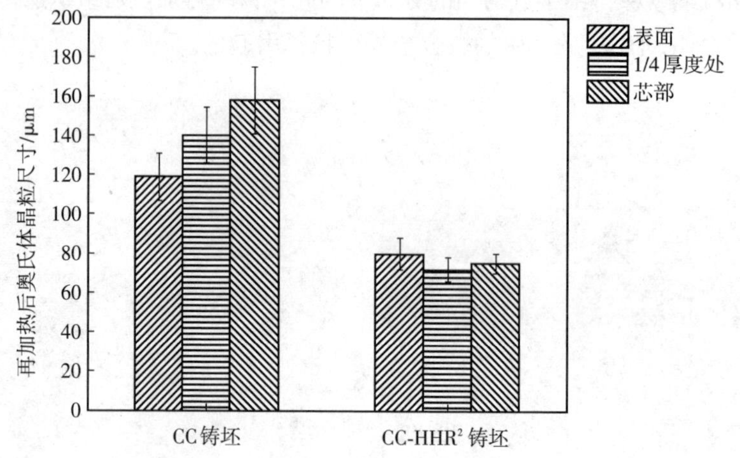

图5.16　CC铸坯和CC-HHR²铸坯再加热后不同位置的奥氏体晶粒尺寸

5.3.2　热芯大压下轧制对再加热奥氏体中微合金析出粒子的影响

铸坯中析出粒子的尺寸、形貌、分布和类型对再加热后的奥氏体晶粒尺寸具有很大影响。在再加热后，CC铸坯1/4厚度处和CC-HHR²铸坯1/4厚度处奥氏体中微合金第二相粒子的形貌和成分如图5.17所示。在CC铸坯1/4厚度处，在奥氏体基体中观察到含有Nb和Ti的碳氮化物析出粒子，由EDX确定这些粗大的析出粒子为TiN和（Nb，Ti)(C，N)，如图5.17（a）（c）所示。(Nb，Ti)(C，N）在奥氏体化过程中会发生部分溶解，但是并不会全部溶解，因此连铸过程中形成的粗大（Nb，Ti)(C，N）粒子在一定程度上影响了再加热奥氏体晶粒的细化效果。在CC-HHR²铸坯1/4厚度处，在奥氏体基体中也观察到（Nb，Ti)(C，N）析出粒子，但较CC铸坯中的（Nb，Ti)(C，N）尺寸小，

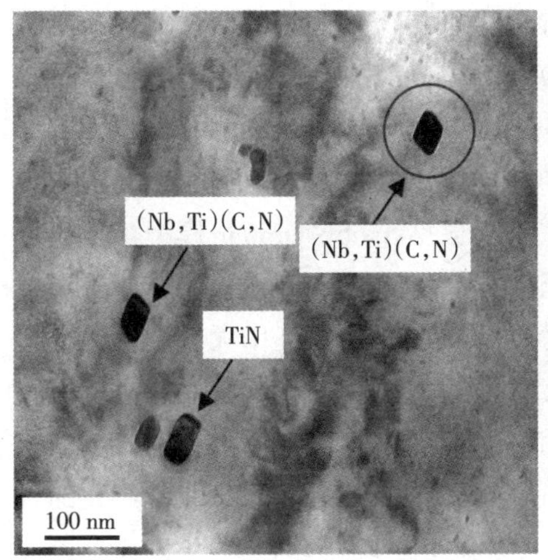

（a）CC铸坯中析出粒子的TEM形貌

（b）CC-HHR²铸坯中析出粒子的TEM形貌

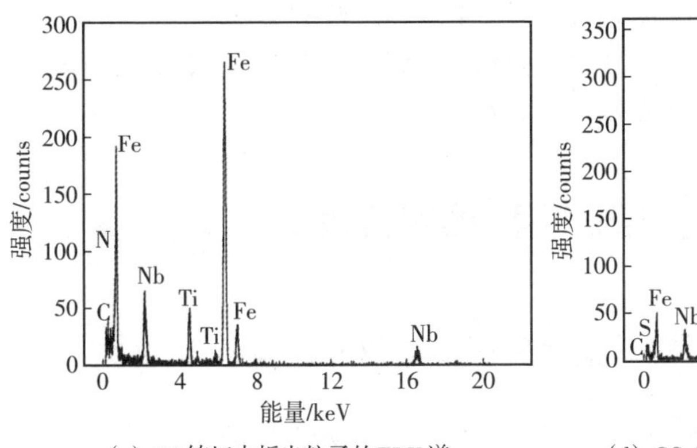

（c）CC铸坯中析出粒子的EDX谱

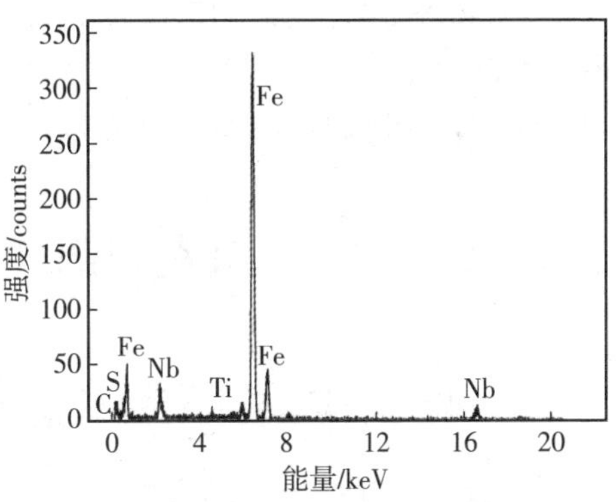

（d）CC-HHR²铸坯中析出粒子的EDX谱

图5.17　CC铸坯和CC-HHR²铸坯再加热后析出粒子的TEM形貌和EDX谱

如图5.17（b）所示。此外，在CC-HHR²铸坯再加热奥氏体基体中还观察到一些未溶解的$Ti_4C_2S_2$粒子，如图5.17（b）所示。在连铸坯凝固过程中，TiS是通过消耗奥氏体基体上的Ti和S直接相变而形成的，随着温度的降低，与C形成$Ti_4C_2S_2$粒子。在重新加热过程中，$Ti_4C_2S_2$粒子能够有效钉扎奥氏体晶界而使奥氏体晶粒保持细小。由于NbC和TiC均具有相对较低的固溶温度，它们在再加热过程中会全部溶解在奥氏体基体中，因此，在CC铸坯1/4厚度处和CC-HHR²铸坯1/4厚度处的奥氏体基体中并未观察到细小的NbC和TiC析出粒子。虽然CC-HHR²铸坯再加热后的奥氏体基体中的细小析出粒子发生固溶，但是其对再加热奥氏体晶粒的细化也具有重要影响。由于CC-HHR²铸坯中析出粒子数量多，尺寸细小且均匀分布在铁素体基体中，这些细小的析出粒子在α-γ

相变中能有效钉扎奥氏体晶界，同时显著提高奥氏体粗化温度。此外，固溶Nb和Ti元素的溶质拖曳效应也会对再加热奥氏体晶界的移动产生阻碍作用，直接或间接影响了奥氏体的晶粒尺寸。

Maropoulos等的研究结果表明，再加热过程中的奥氏体晶粒尺寸随着析出粒子体积分数和不均匀程度的增加而减小。根据Ashby-Orowan模型，析出粒子尺寸越小，其体积分数越大，对奥氏体晶界钉扎效果越明显。随着加热温度升高，晶界将会获得更多的能量进行移动，CC-HHR^{2}铸坯中大量细小的析出粒子使晶界和亚晶界结构更加稳定，最终导致新形成的奥氏体晶粒长大速率减慢，因此再加热后的奥氏体晶粒也相对细小均匀。Irvine等认为析出粒子大小与体积分数决定了抑制奥氏体晶粒粗化的能力，最终决定了奥氏体晶粒细化的程度，具有最小尺寸和最大体积分数的质点能够在再加热过程中产生阻碍奥氏体晶粒长大的最强力量。CC-HHR^{2}铸坯1/4厚度处尺寸为6～20 nm的析出粒子数量较CC铸坯1/4厚度处的析出粒子数量明显增多，这些细小且弥散均匀分布的析出粒子在α-γ相变中对奥氏体晶粒尺寸具有很大影响，使CC-HHR^{2}铸坯再加热后的奥氏体晶粒较CC铸坯明显细化且分布均匀。

5.4 热芯大压下轧制对热轧钢板组织的影响

5.4.1 热芯大压下轧制对热轧钢板奥氏体晶粒的影响

CC钢板和CC-HHR^{2}钢板不同位置的显微组织如图5.18所示。CC钢板和CC-HHR^{2}钢板厚度方向的奥氏体晶粒尺寸统计结果如图5.19所示。由于试验钢采用较高的终轧温度和较大的冷速，因此，热轧后的奥氏体晶界可在贝氏体组织中显现出来（图5.18中黑色线条为热轧后的奥氏体晶界）。

（a）CC钢板表面

（b）CC-HHR^{2}钢板表面

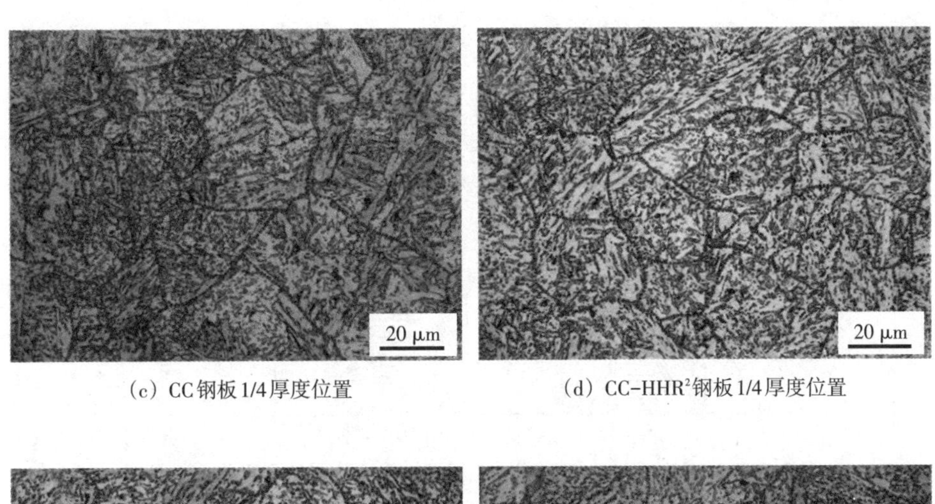

（c）CC钢板1/4厚度位置　　（d）CC-HHR²钢板1/4厚度位置

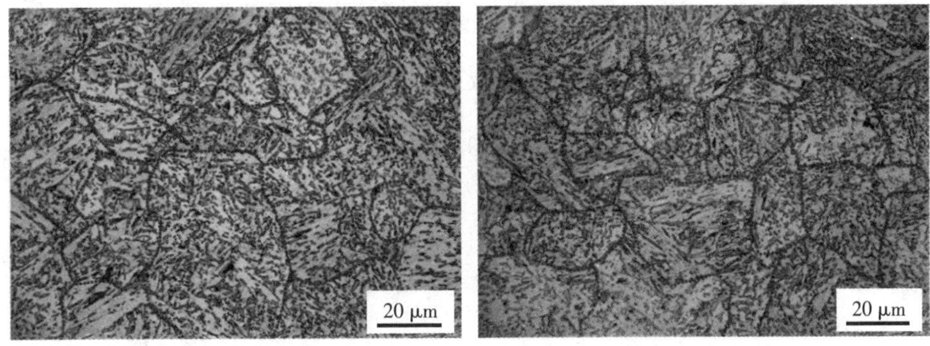

（e）CC钢板芯部　　（f）CC-HHR²钢板芯部

图5.18　CC钢板和CC-HHR²钢板不同位置的显微组织

图5.18显示，CC钢板和CC-HHR²钢板表面至芯部的奥氏体晶粒形貌均为等轴状，说明试验钢板在热轧中均发生了动态再结晶。CC-HHR²钢板芯部奥氏体晶粒较CC钢板明显细化，厚度方向组织均匀性明显提高。图5.19显示，CC钢板芯部的奥氏体晶粒尺寸约为118 μm，CC铸坯芯部再加热后奥氏体晶粒尺寸约为158 μm，芯部奥氏体晶粒在热轧后仅得到轻微细化。CC钢板表面和1/4厚度处的奥氏体晶粒尺寸分别从再加热时的119 μm和140 μm细化至42 μm和76 μm，表面和1/4厚度处的奥氏体晶粒在热轧后细化程度较芯部更加明显。CC-HHR²钢板在热轧后表面至芯部的奥氏体晶粒尺寸从再加热时的80，72，75 μm分别细化至热轧后的46，52，57 μm。由于CC-HHR²钢板的奥氏体晶粒在再加热过程中已经明显细化且均匀分布，在随后的轧制过程中能够在原有的晶粒细化程度上得到进一步细化，显著改善了热轧成品板的组织均匀性。因此，热芯大压下轧制及冷却过程中形成的弥散分布析出粒子是细化的铸态组织有效遗传至再加热后组织及热轧成品组织的主要原因。

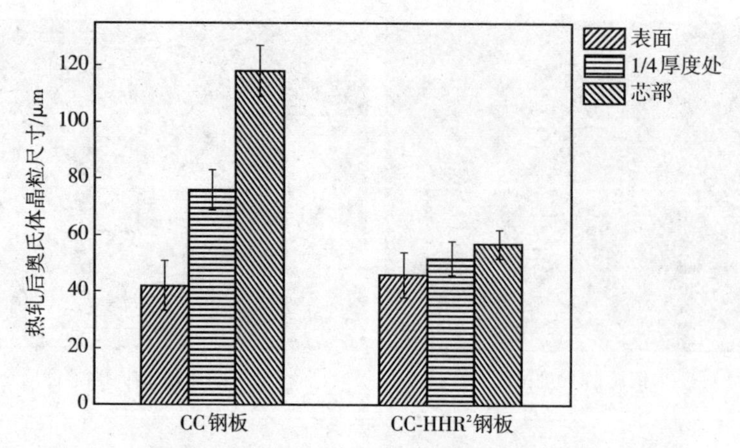

图5.19　CC钢板和CC-HHR²热轧后钢板不同位置的奥氏体晶粒尺寸

5.4.2　热芯大压下轧制对热轧钢板显微组织的影响

CC钢板和CC-HHR²钢板的SEM形貌如图5.20（a）（b）显示，CC钢板和CC-HHR²钢板表面处的显微组织由贝氏体板条和细小弥散分布的M/A岛组成，贝氏体板条间轮廓清晰且板条束长，几乎贯穿整个奥氏体晶粒。图5.20（c）（d）（e）（f）显示，在1/4厚度处和芯部，CC钢板和CC-HHR²钢板的显微组织为粒状贝氏体，且M/A岛尺寸较大，形貌不规则，尺寸为3～7 μm。由于CC钢板和CC-HHR²钢板在热轧后具有相同的冷速和终冷温度，因此CC钢板和CC-HHR²钢板的微观组织差异不明显。但是CC钢板和CC-HHR²钢板在1/4厚度处和芯部位置的M/A岛形貌却有明显差异。CC钢板中的M/A岛细长尖锐，而CC-HHR²钢板中的M/A岛形貌大多呈块状，细长尖锐的M/A岛数量明显低于CC钢板中细长尖锐的M/A岛数量。

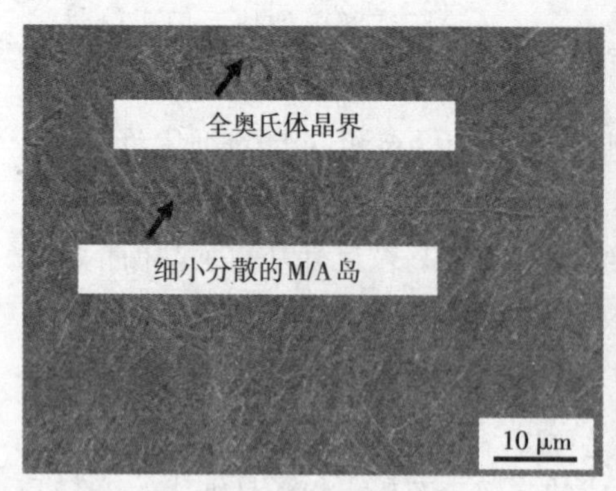

（a）CC钢板表面

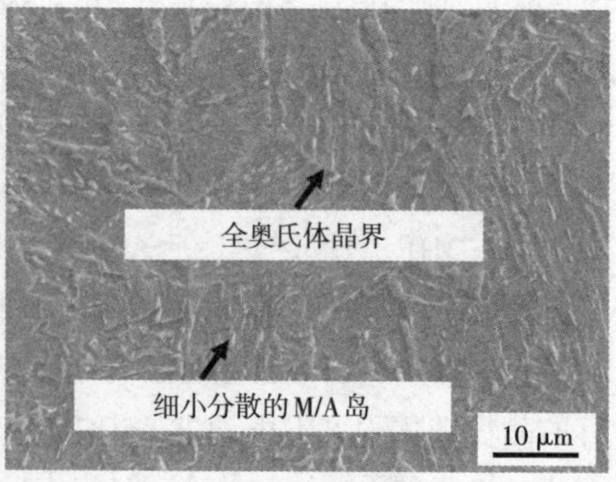

（b）CC-HHR²钢板表面

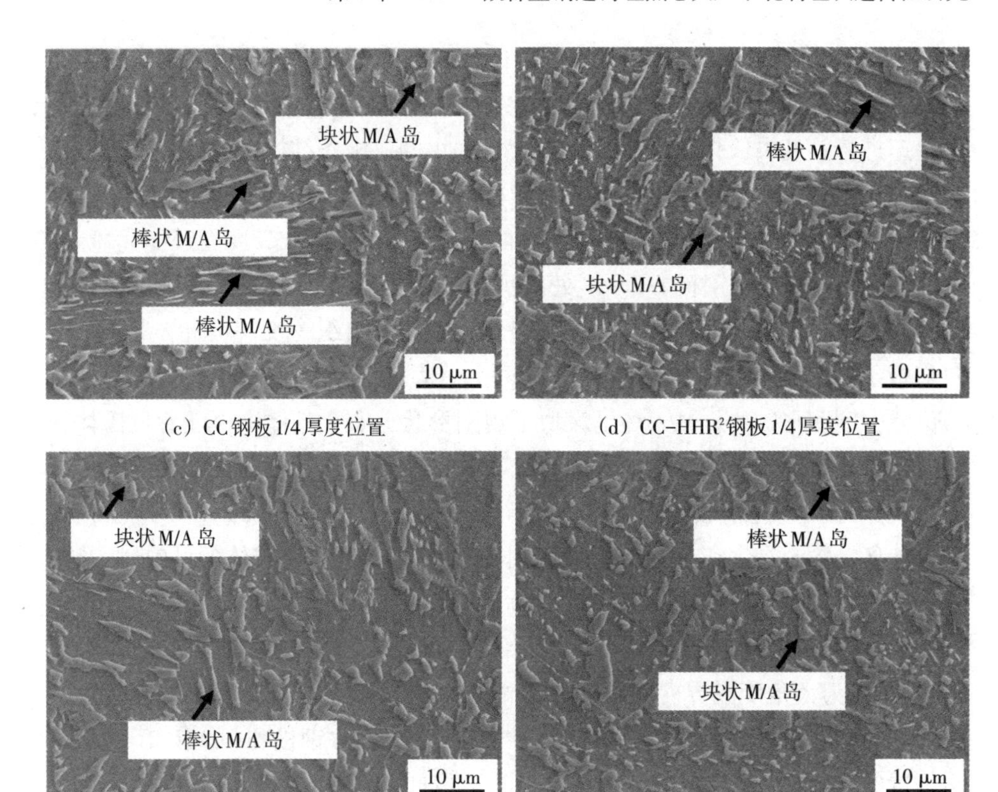

（c）CC钢板1/4厚度位置　　（d）CC-HHR²钢板1/4厚度位置

（e）CC钢板芯部　　（f）CC-HHR²钢板芯部

图5.20　CC钢板和CC-HHR²钢板不同位置的SEM形貌图

在贝氏体相变前，奥氏体处于完全再结晶状态，转变前的奥氏体晶粒尺寸对贝氏体相变具有很大影响。在连续冷却转变时，贝氏体的转变速率会随着奥氏体晶粒尺寸的增大而减小。在贝氏体相变中，贝氏体优先在奥氏体晶界处形核，CC钢板中奥氏体晶粒粗大，奥氏体晶界数量少，在一定程度上减少了贝氏体的形核位置，降低了贝氏体的转变速率，延长了贝氏体的相变时间，促进了CC钢板中长条状M/A岛的形成。而在CC-HHR²钢板中，由于原始奥氏体晶粒尺寸减小，奥氏体晶界数量增加，贝氏体形核位置数量显著增加，在冷却速率相同的条件下提高了贝氏体的转变速率，促进了粒状贝氏体在晶界处形核，使CC-HHR²钢板中长条状M/A岛数量明显减少，块状M/A岛数量有所增加。此外，长条状M/A岛并不会穿过原始奥氏体晶界，CC-HHR²钢板中奥氏体晶粒的细化能够促使在随后冷却、相变过程中长条状M/A岛变短。因此，热芯大压下轧制能够使良好的组织状态继续保留至再加热和最终成品组织中，使最终成品厚度方向上的组织均匀性也得到明显提高。

CC钢板和CC-HHR²钢板不同位置的TEM形貌如图5.21所示。图5.21

(a)(b)显示，CC钢板和CC-HHR²钢板表面处的贝氏体板条较为平直，板条内部含有大量的位错缠结。由于表面位置最先进行超快速冷却，贝氏体转变能够快速进行，使贝氏体板条内部具有大量细小的亚板条结构。此外，由于表面的冷却速率较大，终冷温度较低，元素扩散受到抑制，碳原子难以充分扩散至未转变的奥氏体中，因此形成了细小的M/A岛组织。图5.21（c）（d）显示，CC钢板和CC-HHR²钢板1/4厚度处的贝氏体发生回复，板条界模糊不清，板条间分布着一定量的非连续分布的长条状M/A薄膜组织，长条状M/A岛长轴方向与板条方向相同。图5.21（e）（f）显示，CC钢板和CC-HHR²钢板芯部位置的位错密度明显减小，M/A岛呈大块不规则形状分布于基体中。随着贝氏体转变的进行，碳原子在较低冷速下能够充分扩散至相邻未转变的奥氏体中而形成富碳奥氏体，这些富碳奥氏体在冷却至M_s点以下转变为马氏体，形成了粗大的M/A岛。图5.21（f）中插图为奥氏体的衍射斑，其沿奥氏体的［011］晶带轴入射，可以进一步确定黑色块状物为M/A岛。

大角度晶界是构成材料有效晶粒尺寸的有效晶界，通常认为取向差大于15°的晶界为大角度晶界。大角度晶界能够在材料断裂过程中有效阻碍裂纹扩展，从而利于提高钢铁材料的冲击韧性。图5.22为CC钢板和CC-HHR²钢板不同位置的EBSD取向分布图（小角度晶界，取向差为2～15°；大角度晶界，取向差大于15°）。由图可知，CC钢板和CC-HHR²钢板表面至芯部的有效晶粒尺寸呈逐渐增大的趋势，由于芯部冷速低，CC钢板和CC-HHR²钢板芯部组织较表面粗大，但是CC-HHR²钢板在1/4厚度处和芯部位置的有效晶粒尺寸均小于CC钢板的有效晶粒尺寸，CC-HHR²钢板在1/4厚度处和芯部位置的晶界数量均大于CC钢板的晶界数量。

(a) CC钢板表面

(b) CC-HHR²钢板表面

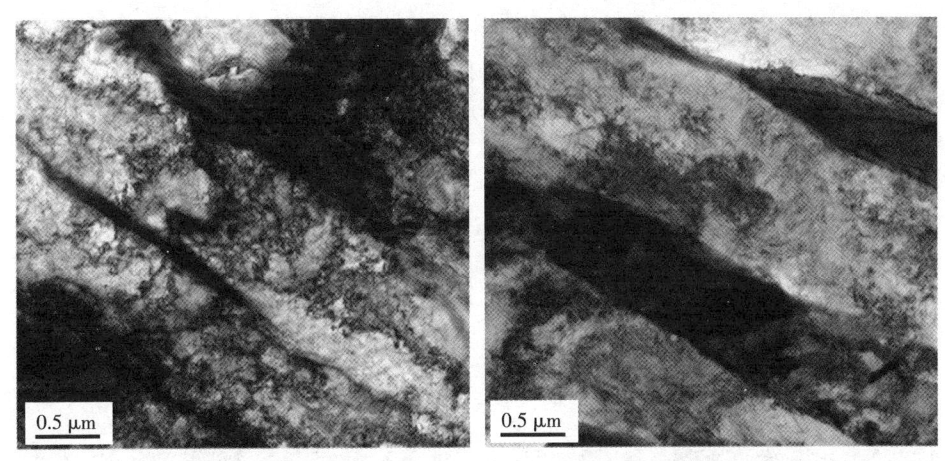

(c) CC钢板1/4厚度位置　　(d) CC-HHR²钢板1/4厚度位置

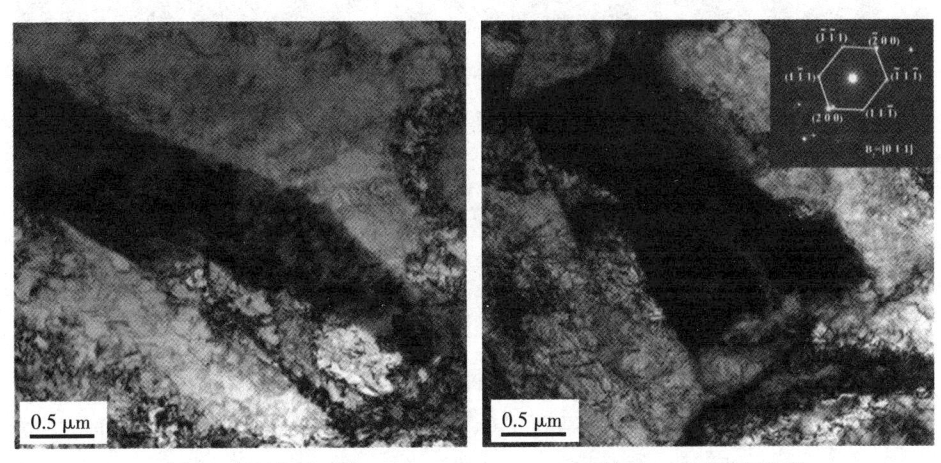

(e) CC钢板芯部　　(f) CC-HHR²钢板芯部

图5.21　CC钢板和CC-HHR²钢板不同位置的TEM形貌图

(a) CC钢板表面　　(b) CC-HHR²钢板表面

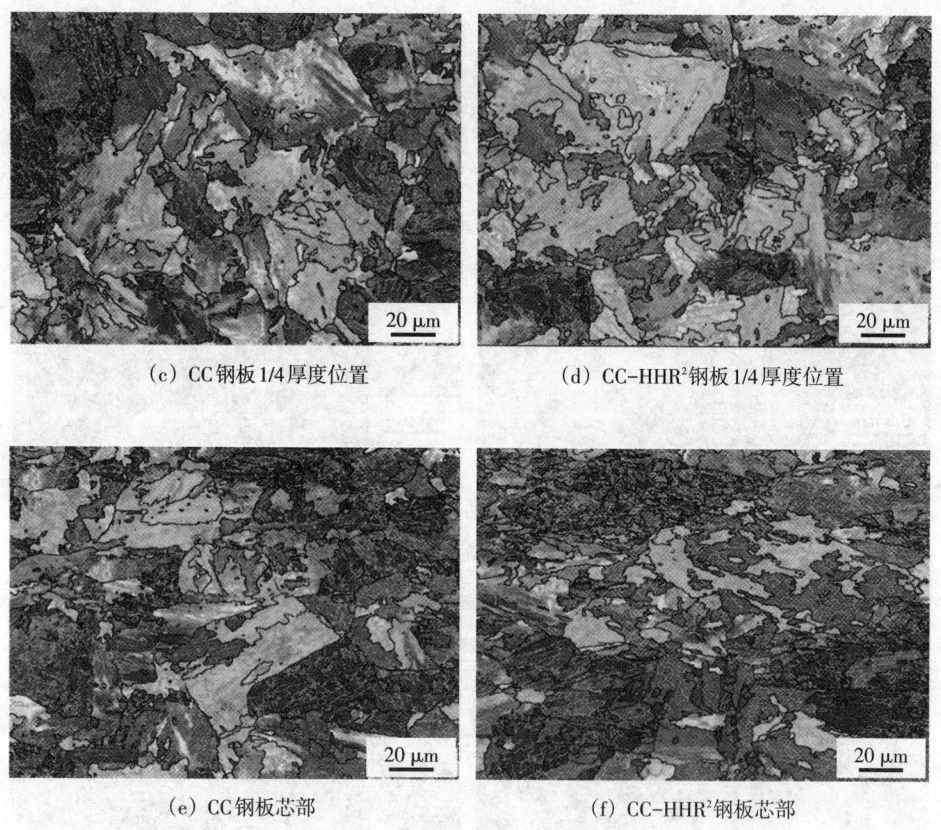

（c）CC钢板1/4厚度位置　（d）CC-HHR²钢板1/4厚度位置

（e）CC钢板芯部　（f）CC-HHR²钢板芯部

图5.22　CC钢板和CC-HHR²钢板不同位置的EBSD取向分布图

图5.23所示为CC钢板和CC-HHR²钢板不同位置的晶界分布。由图可知，CC钢板表面处的大角度晶界数量略高于CC-HHR²钢板，而CC钢板芯部的大角度

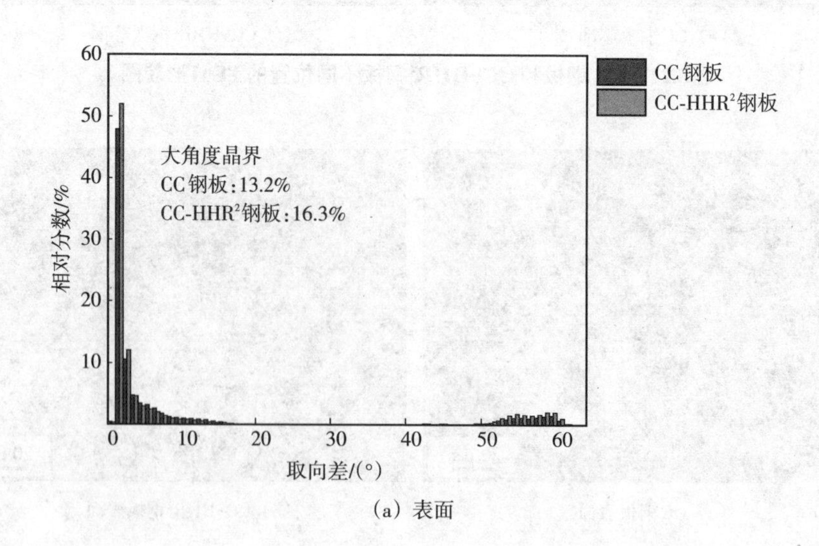

（a）表面

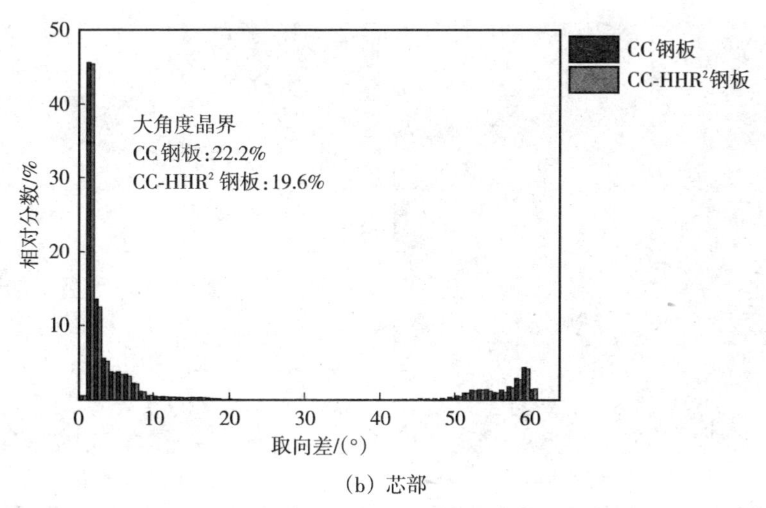

（b）芯部

图5.23　CC钢板和CC-HHR²钢板不同位置的晶界分布图

晶界数量低于CC-HHR²钢板。CC钢板再加热后的轧制总道次为6，CC-HHR²钢板再加热后的轧制总道次为5，虽然再加热后CC钢板表面的原始奥氏体晶粒尺寸大，但是再加热后轧制的变形量也大，因此CC钢板较CC-HHR²钢板表面位置具有更多的大角度晶界。对于芯部位置，虽然CC-HHR²钢板加热后轧制的总压下量小，但是CC-HHR²钢板芯部奥氏体晶粒在轧制前已经得到大幅细化，使奥氏体晶界数量较CC钢板有所增加，因此增加了超快速冷却过程中贝氏体的形核点，即使在相同冷速下，CC-HHR²钢板芯部也能获得较多的大角度晶界。

5.4.3　热芯大压下轧制对热轧钢板中微合金析出粒子的影响

CC钢板和CC-HHR²钢板不同位置的析出粒子的TEM形貌如图5.24所示。图5.24（a）（b）显示，在CC钢板和CC-HHR²钢板表面处只观察到尺寸为55～70 nm的析出粒子，未观察到10～20 nm的纳米级析出粒子。而CC钢板和CC-HHR²钢板的芯部和1/4厚度处存在大量细小且弥散分布的纳米级析出粒子，如图5.24（c）（d）（e）（f）所示。CC钢板和CC-HHR²钢板微合金第二相粒子的析出行为是固溶度积、保温温度及保温时间等各个因素相互作用的结果。由图可知，在相同的终冷温度下，CC钢板和CC-HHR²钢板不同位置处的析出粒子尺寸和分布并无明显区别。

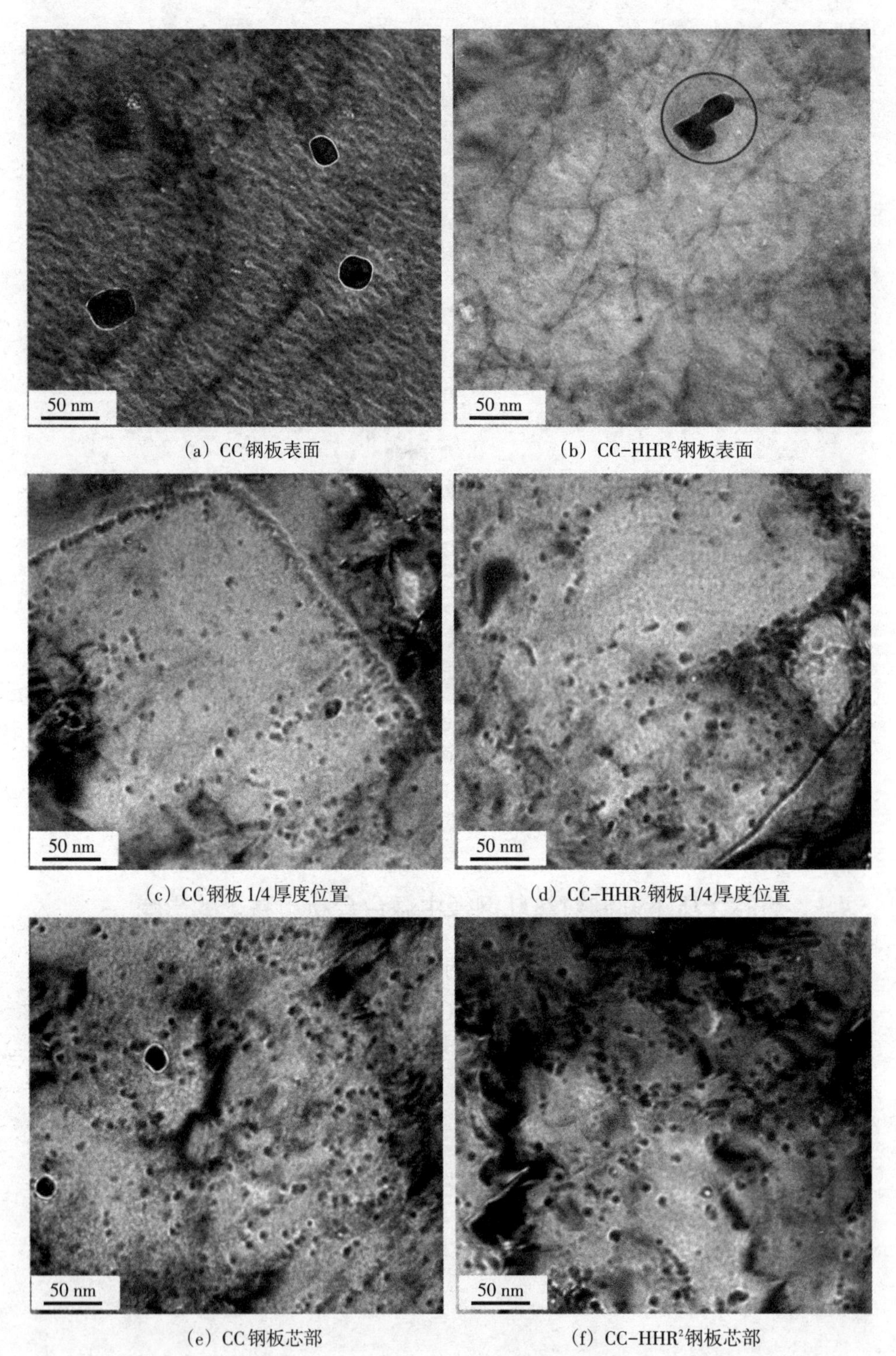

（a）CC钢板表面　（b）CC-HHR²钢板表面

（c）CC钢板1/4厚度位置　（d）CC-HHR²钢板1/4厚度位置

（e）CC钢板芯部　（f）CC-HHR²钢板芯部

图5.24　CC钢板和CC-HHR²钢板不同位置的析出粒子的TEM形貌图

图5.25为CC-HHR²钢板表面析出粒子的EDX能谱图，表明大尺寸的析出粒子为（Nb，Ti)(C，N)。由于CC钢板和CC-HHR²钢板表面冷速大，纳米级粒子来不及析出，因此只观察到了尺寸相对较大的微合金第二相析出粒子，它们在连铸过程中形成，在再加热后没有完全固溶。虽然较低的终冷温度（480 ℃）不利于纳米级粒子发生弥散析出，但是，厚规格板坯在冷却结束后具有“返红”的特性，因此在CC钢板和CC-HHR²钢板1/4厚度处和芯部位置观察到纳米级析出粒子。CC钢板和CC-HHR²钢板在再加热后轧制、冷却过程中的析出不是改善厚度方向组织均匀性的直接原因，而热芯大压下轧制及冷却过程中的应变诱导析出粒子，能够在再加热过程中通过保证厚度方向上的组织均匀性来改善厚度方向力学性能均匀性。

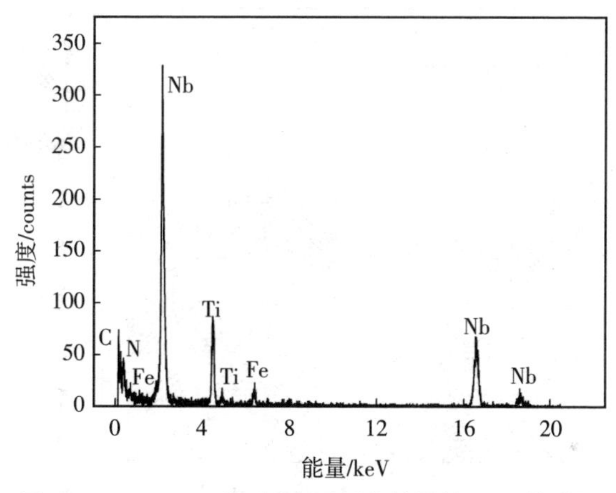

图5.25　CC-HHR²钢板表面析出粒子的EDX能谱图

5.5　热芯大压下轧制对热轧钢板力学性能的影响

厚板的组织均匀性是反映其力学性能稳定性的重要指标。表5.3列出了CC钢板和CC-HHR²钢板的屈服强度、抗拉强度、延伸率和冲击功，且所列数据均为3个平行试样的平均值。

由表5.3可知，CC钢板表面屈服强度为725 MPa，略高于CC-HHR²钢板表面的屈服强度，CC-HHR²钢板表面屈服强度为710 MPa。CC钢板在1/4厚度处和芯部的屈服强度分别为532 MPa和512 MPa，均低于CC-HHR²钢板的1/4厚度处和芯部的屈服强度685 MPa和625 MPa。CC钢板表面至芯部的抗拉强度分别为860，775，747 MPa；CC-HHR²钢板表面至芯部的抗拉强度分别为848，812，778 MPa。CC-HHR²钢板芯部在-20 ℃的冲击功和延伸率分别为80.7 J和

15.7%，明显高于CC钢板芯部的冲击功和延伸率。CC-HHR²钢板厚度方向的力学性能均匀性明显高于CC钢板，如图5.26所示。

表5.3　CC钢板和CC-HHR²钢板的力学性能

试样	位置	屈服强度/MPa	抗拉强度/MPa	延伸率/%	冲击功/J
CC钢板	表面	725	860	15.1	88.7
	1/4厚度处	532	775	14.3	67.2
	芯部	512	747	14.6	39.6
CC-HHR²钢板	表面	710	848	15.1	91.4
	1/4厚度处	685	812	15.0	85.5
	芯部	625	778	15.7	80.7

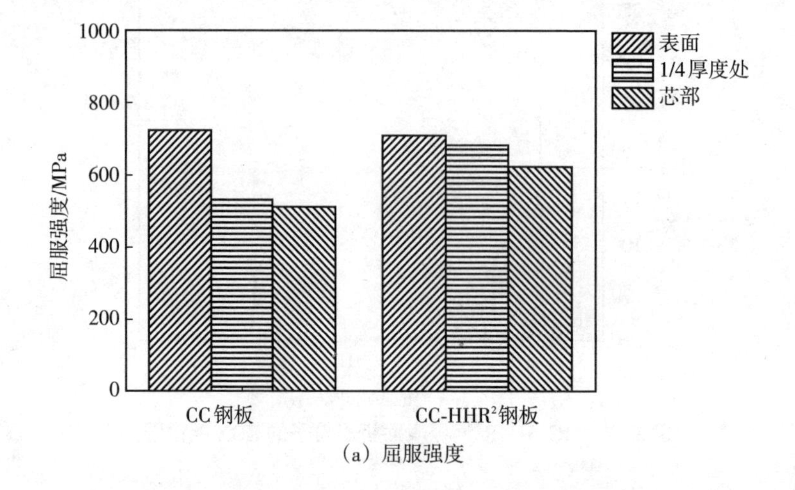

（a）屈服强度

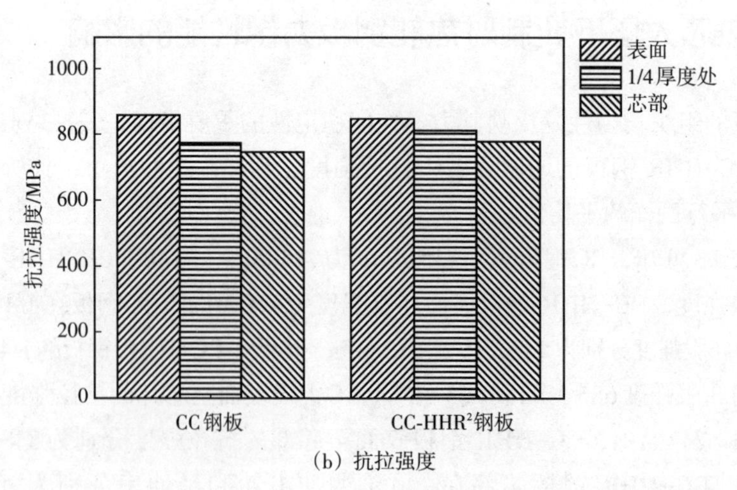

（b）抗拉强度

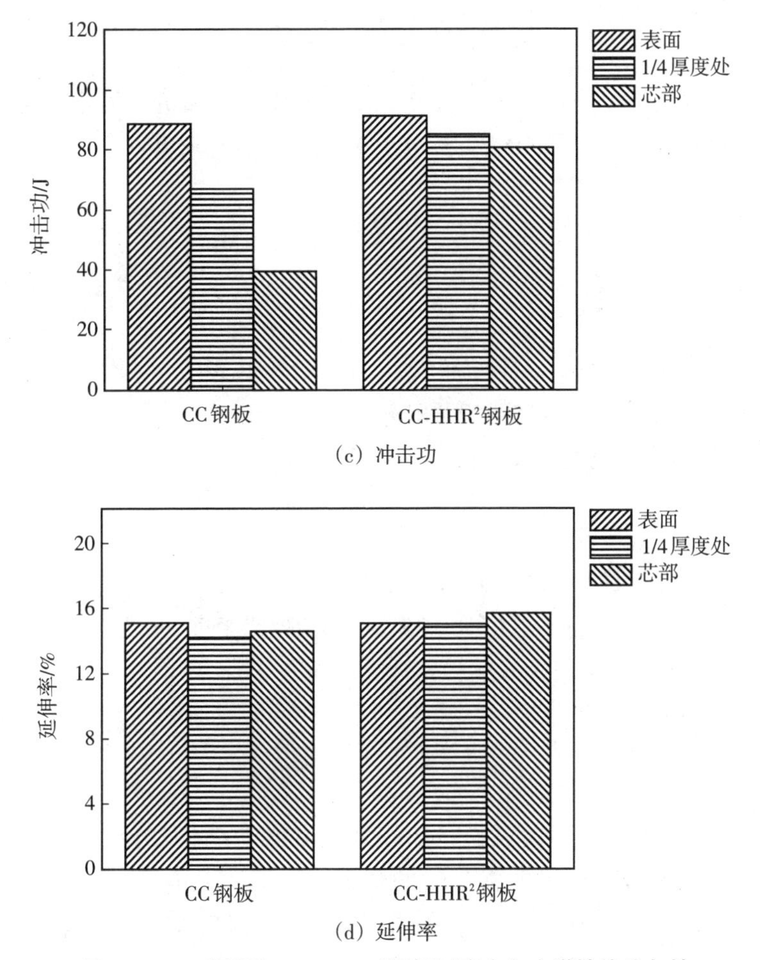

（c）冲击功

（d）延伸率

图5.26　CC钢板和CC-HHR²钢板厚度方向力学性能均匀性

钢铁材料的强化机制主要包括固溶强化、位错强化、细晶强化和析出强化。其中，固溶强化对提高屈服强度和抗拉强度的效果相近；位错强化效果主要取决于位错密度，在位错密度较低时，可通过位错强化来提高钢的抗拉强度和屈服强度，而在位错密度较高时，以提高屈服强度为主，对提高抗拉强度的作用较小；细晶强化对提高屈服强度的作用大于提高抗拉强度的作用；析出强化受微合金第二相粒子的体积分数和尺寸影响，当第二相粒子尺寸非常小且体积分数较大时，在整体上，提高屈服强度比提高抗拉强度的效果更大。

钢铁材料的屈服强度与各种强化机制引起的强度增量存在一定的函数关系，即加和法则，复相组织的屈服强度主要取决于基体中软相的屈服强度，抗拉强度主要取决于基体中硬相的抗拉强度，可采用式（5-9）表示：

$$\sigma_y = \sigma_{base} + \sigma_{dis} + \sigma_{ppt} \tag{5-9}$$

式中，σ_{base}，σ_{dis}，σ_{ppt}分别为基体强度、位错强化增量和析出强化增量，MPa。其中，基体强度σ_{base}可以采用式（5-10）和式（5-11）求得：

$$\sigma_{base} = \sigma_0 + \left[15.4 - 30w(\mathrm{C}) + \frac{6.09}{0.8 + w(\mathrm{Mn})}\right]d^{-1/2} \tag{5-10}$$

$$\sigma_0 = 63 + 23w(\mathrm{Mn}) + 53w(\mathrm{Si}) + 700w(\mathrm{P}) \tag{5-11}$$

式中，σ_0为固溶强化增量，MPa；w(C)，w(Si)，w(Mn)，w(P）为C，Si，Mn和P元素的质量分数；d为材料的有效晶粒尺寸，m。

此外，位错强化增量可以表示为式（5-12）：

$$\sigma_{dis} = \alpha MGb\rho^{1/2} \tag{5-12}$$

式中，α为常数，取值为0.3；M为泰勒因子，取值为3；G为剪切模量，取值为64 GPa；$\boldsymbol{b}$为柏氏矢量，取值为0.25 nm；ρ为位错密度，m^{-2}。

析出强化增量可采用式（5-13）计算：

$$\sigma_{ppt} = \frac{0.538Gbf_v^{1/2}}{X}\ln\left(\frac{X}{2b}\right) \tag{5-13}$$

式中，X为析出粒子的平均直径，nm；f_v为析出粒子的体积分数。

对于细化晶粒，Nb是非常有效的微合金元素，无论是Nb固溶在奥氏体中，还是从奥氏体中析出，均对奥氏体再结晶具有强烈的阻碍作用。而对于沉淀强化，Nb在铁素体中可以大量弥散析出，通常认为只有小于20 nm的析出粒子才能起到强化基体的作用。由于这些析出粒子的存在，钢铁材料能够获得很好的沉淀强化效果，并且使钢铁材料中的强化机制不再仅仅依赖于碳的间隙固溶强化，而主要通过细晶强化、固溶强化、位错强化、相变强化和析出强化等多种手段获得高强度。CC钢板和CC-HHR^{2}钢板在1/4厚度处和芯部位置较表面温度高，导致基体有效晶粒尺寸呈增大趋势，位错密度会有一定程度的降低，导致细晶强化和位错强化的效果减弱。大量细小弥散的析出粒子存在于1/4厚度处和芯部位置，使析出强化增量提高，在一定程度上弥补了试验钢1/4厚度处和芯部位置的屈服强度。

图5.27（a）为试验钢冲击试样断口形貌示意图，冲击试样断口形貌包含放射区、纤维区和剪切唇，其中观察区域为图5.27（b）中的放射区，如方框区域所示，对其进行局部放大，即CC钢板和CC-HHR^{2}钢板在-20 ℃时不同厚

度位置的SEM断口形貌，如图5.28（a）（c）（e）显示，CC钢板表面、1/4厚度处和芯部的断口形貌为典型的脆性断裂，断口呈准解理断口形貌特征，断口表面由大量准解理面组成，解理面上存在明显的河流花样，说明CC钢板的裂纹扩展功较低。图5.28（b）（d）（f）显示，CC-HHR^{2}钢板的表面为典型的脆性断裂，1/4厚度处和芯部呈典型的韧窝形断口形貌特征，断口表面由大量尺寸和深度不同的韧窝组成，表明其具有优异的低温韧性，断裂过程主要是微孔形核、长大和聚合，具有较高的裂纹扩展功。

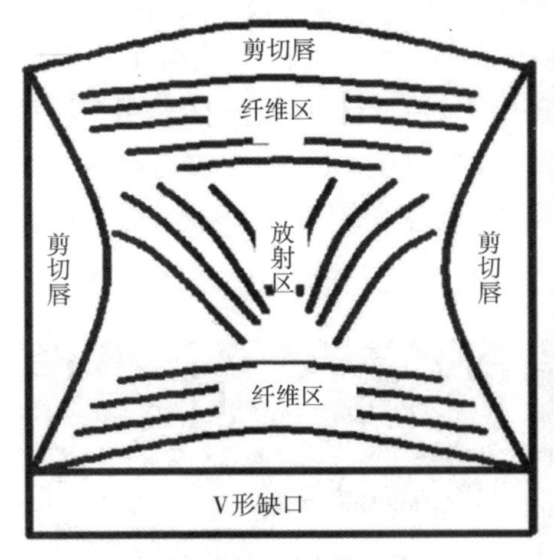

（a）断口形貌示意图

（b）宏观断口形貌

图5.27　冲击断口形貌示意图

钢的韧性主要取决于组织中大角度晶界数量和裂纹源（如M/A岛、夹杂物和缩孔等）。大角度晶界对裂纹的扩展具有很大的阻碍作用，增加组织中的大角度晶界数量能够大大提高裂纹扩展功。由于在相同冷速下，CC-HHR^{2}钢板芯部也能获得较多的大角度晶界，因此CC-HHR^{2}钢板芯部较CC钢板芯部具有更高的裂纹扩展功，使CC-HHR^{2}钢板芯部的强度和低温韧性得到明显提高，厚度方向的力学性能均匀性也明显提高。此外，CC钢板1/4厚度处和芯部的贝氏体铁素体基体上分布着大量细长尖锐的M/A岛，M/A岛是硬脆相，在M/A岛和基体界面处容易产生应力集中。当应力集中大于界面结合力时就会形成微裂纹，严重恶化了钢的低温韧性。CC-HHR^{2}钢板能够通过晶粒细化来增加大角度晶界数量，从而有效抑制裂纹扩展。CC-HHR^{2}钢板再加热后的奥氏体晶粒细小且分布均匀，促进了冷却过程中的贝氏体相变，使转变后的贝氏体组织更加细化，同时，细小的奥氏体晶粒使CC-HHR^{2}钢板在贝氏体相变过程中减少了尖锐细长状M/A岛的数量，大大提高了CC-HHR^{2}钢板1/4

厚度处和芯部的力学性能，并增强了CC-HHR²钢板厚度方向的力学性能均匀性。

在Nb-Ti微合金钢连铸坯再加热后的轧制过程中，轧制变形无法渗透到板坯内部，难以消除连铸过程形成的芯部疏松、缩孔及组织不均匀等缺陷，明显恶化了最终成品的力学性能。因此，很难用较小的压缩比生产出高质量的特厚板。而CC-HHR²铸坯再加热和轧制后的奥氏体晶粒较CC铸坯得到明显细化，说明CC-HHR²铸坯再加热前后存在一定程度的组织遗传性，并且热芯大压下轧制对组织的细化效果也能够保留至最终成品组织中，使最终成品组织均匀性和力学性能均匀性得到明显提高。综上所述，热芯大压下轧制对Nb-Ti微合金钢连铸坯后续再加热、轧制和冷却后的组织均匀性具有明显的改善作用，从而明显提高了力学性能均匀性。采用热芯大压下轧制生产的Nb-Ti微合金钢连铸坯在后续热加工过程中可以通过较小的压缩比制备出高性能的厚板，有效地节约了能源。

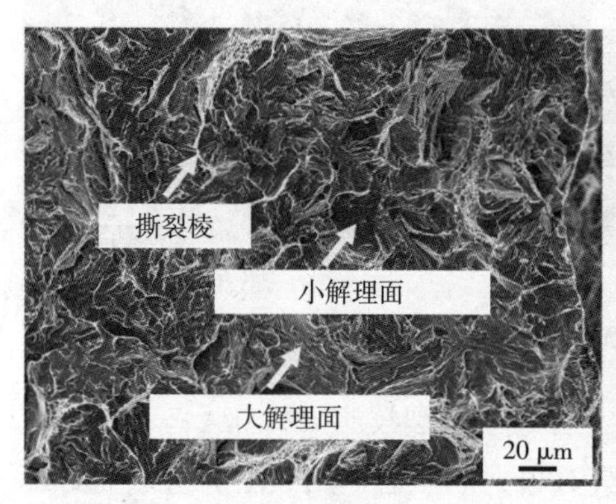

(a) CC钢板表面

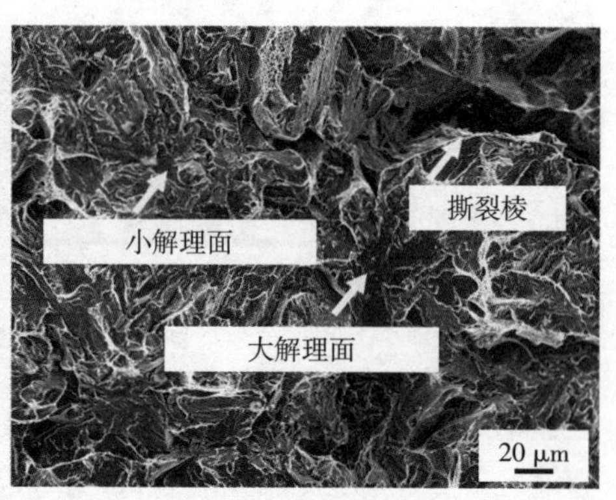

(b) CC-HHR²钢板表面

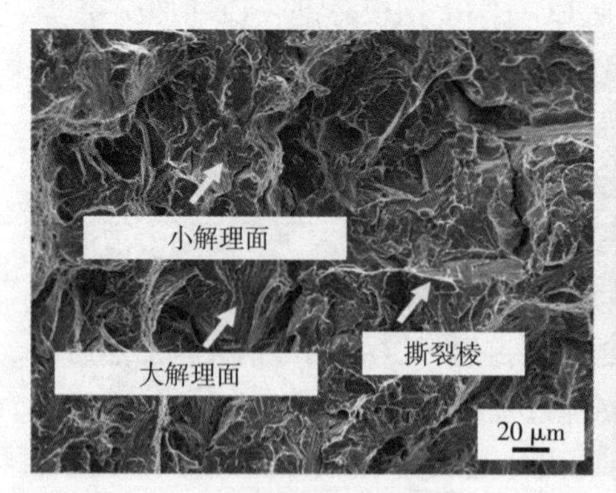

(c) CC钢板1/4厚度位置

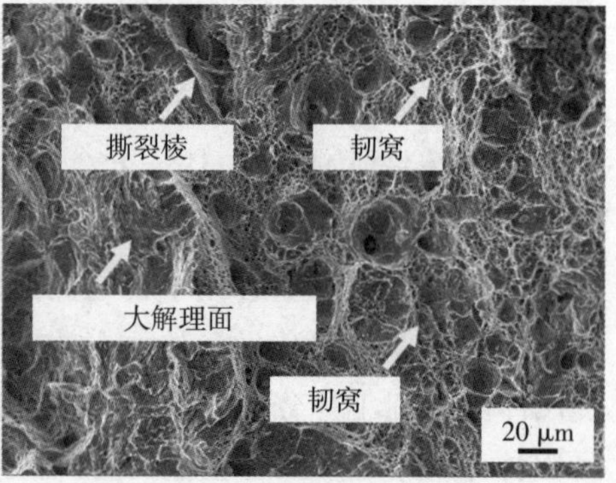

(d) CC-HHR²钢板1/4厚度位置

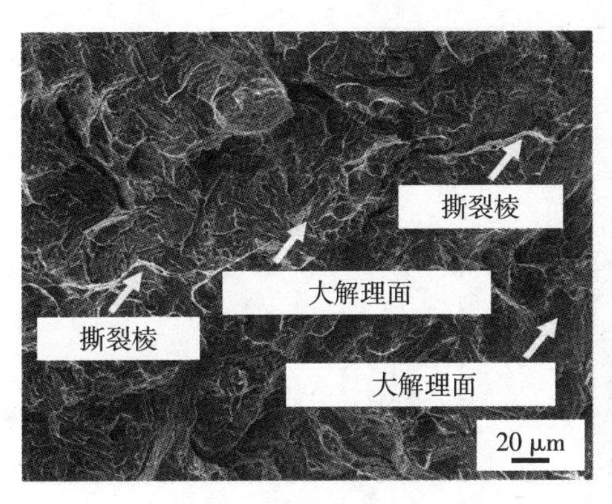

（e）CC钢板芯部

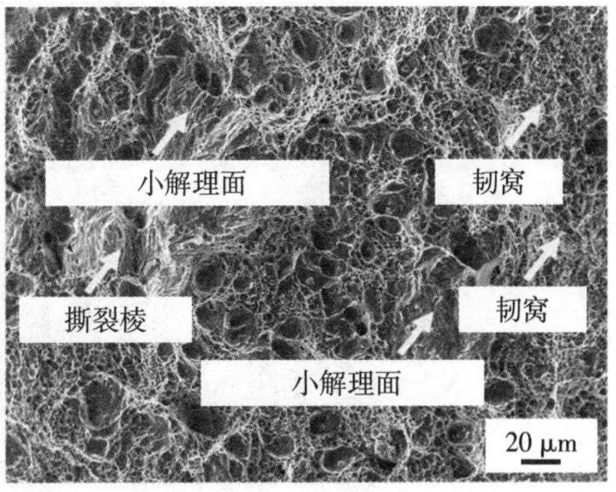

（f）CC-HHR²钢板芯部

图5.28 CC钢板和CC-HHR²钢板在-20 ℃的冲击断口SEM形貌

5.6 连铸坯热芯大压下轧制组织遗传性分析

图5.29显示了CC钢板和CC-HHR²钢板在铸态、再加热态及再加热轧制后的晶粒尺寸变化规律。由图可知，CC钢板和CC-HHR²钢板在铸态、再加热态及再加热轧制后的晶粒尺寸变化规律一致。与CC钢板相比，CC-HHR²钢板在铸态、再加热态及再加热轧制后的晶粒尺寸明显减小，在厚度方向上的组织均匀性明显提高。Nb-Ti微合金钢连铸坯在再加热前后具有一定程度的遗传性，并且这种遗传性可以进一步保留至连铸坯的热轧成品组织中。

热芯大压下轧制能够使Nb-Ti微合金钢连铸坯中的铸态粗大的柱状晶结构遭到破坏，并通过动态再结晶使原始铸态组织充分细化，明显提高铸坯厚度方向上的组织均匀性。此外，热芯大压下轧制还能使铸坯中细小的微合金析出粒子数量增加，当铸坯被重新加热至1250 ℃时，这些尺寸细小的析出粒子TiC和NbC在再加热过程中能有效钉扎奥氏体晶界，显著提高奥氏体的粗化温度，使CC-HHR²铸坯在再加热过程中的奥氏体晶粒也能够保持细小并均匀分布，组织均匀性较CC铸坯得到明显提高。在随后的轧制过程中，连续多道次变形使CC-HHR²铸坯中的奥氏体晶粒得到进一步细化。CC-HHR²钢板较CC钢板具有更高的组织均匀性，进而使CC-HHR²钢板厚度方向上的力学性能均匀性也明显提高。

综上所述，Nb-Ti微合金钢连铸坯热芯大压下轧制及冷却过程中，应变诱导析出及第二相粒子的钉扎作用是保证细化的铸态组织在再加热后有效遗传、改善热轧成品板组织均匀性的主要原因，从而使热轧成品力学性能均匀性得到明显提高。

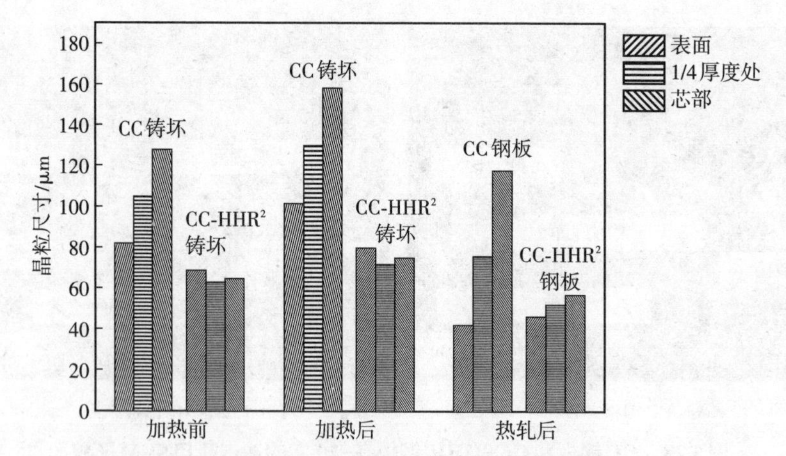

图5.29 CC钢板和CC-HHR²钢板不同过程中的晶粒尺寸变化

5.7 本章小结

本章开展Nb-Ti微合金钢连铸坯热芯大压下轧制、再加热和控轧控冷试验，建立了Nb-Ti微合金钢连铸坯组织跟踪、监测及评价体系，系统研究了热芯大压下轧制对Nb-Ti微合金钢连铸坯最终成品的组织遗传性和力学性能均匀性的影响，结果如下：

（1）研究了热芯大压下轧制对Nb-Ti微合金钢连铸坯厚度方向上组织均匀性的影响。CC铸坯的显微组织由粗大多边形铁素体、魏氏组织和少量珠光体组成，表面至芯部的铁素体晶粒尺寸分别约为82，105，128 μm。CC-HHR²铸坯中显微组织由细小的多边形铁素体和弥散分布的珠光体组成，表面至芯部的铁素体晶粒尺寸分别约为69，63，65 μm，CC-HHR²铸坯厚度方向的铁素体晶粒尺寸差值明显减小，组织均匀性得到了明显提高。

（2）研究了热芯大压下轧制对Nb-Ti微合金钢连铸坯再加热后奥氏体晶粒尺寸的影响。CC铸坯再加热后表面至芯部的奥氏体晶粒尺寸呈逐渐增大的趋势，尺寸约为119，140，158 μm。CC-HHR²铸坯再加热后的奥氏体晶粒较CC铸坯得到明显细化，且组织均匀性也得到明显提高，其表面至芯部的奥氏体晶粒尺寸约为80，72，75 μm。铸坯再加热前后存在一定程度的组织遗传性，这种遗传性的存在主要是由CC-HHR²铸坯中细小且均匀分布的微合金第二相粒子引起的。

（3）研究了热芯大压下轧制对Nb-Ti微合金钢连铸坯再加热轧制后奥氏体晶粒尺寸的影响。CC铸坯和CC-HHR²铸坯在再加热轧制后的奥氏体晶界可在贝氏体组织中显现出来。CC钢板表面至芯部的奥氏体晶粒尺寸分别约为42，76，118 μm。CC-HHR²钢板表面至芯部的奥氏体晶粒尺寸分别约为46，52，57 μm。CC-HHR²钢板在热轧后厚度方向上的奥氏体晶粒较CC钢板在热轧后厚度方向上的奥氏体晶粒得到了明显细化，组织均匀性得到明显提高，热芯大压下轧制对组织的细化效果也能够保留至最终热轧成品组织中。

（4）研究了热芯大压下轧制对Nb-Ti微合金钢连铸坯热轧成品力学性能的影响。CC钢板表面至芯部的屈服强度分别为725，532，512 MPa，抗拉强度分别为860，775，747 MPa；CC-HHR²钢板表面至芯部的屈服强度分别为710，685，625 MPa，抗拉强度分别为848，812，778 MPa。此外，CC-HHR²钢板在芯部-20 ℃的冲击功和延伸率分别为80.7 J和15.7%，明显高于CC钢板芯部的冲击功和延伸率。热芯大压下轧制明显提高了CC-HHR²钢板厚度方向上的组织均匀性，使CC-HHR²钢板厚度方向的力学性能均匀性也明显提高。

第6章　Nb-Ti微合金钢热芯大压下轧制连铸坯装送工艺研究

连铸坯通常会经过缓冷堆放至室温，然后重新进入加热炉进行后续的热加工及热处理，即连铸坯冷装工艺。常规铸坯冷装工艺经过γ—α—γ相变，铸坯组织在再加热过程中会重新经过完全奥氏体化过程，再加热奥氏体晶粒较连铸过程中形成的奥氏体得到明显细化。随着连铸生产技术的不断进步和日益创新，在连铸坯冷装工艺基础上，又提出了连铸坯直接轧制工艺和热装工艺，这是将连铸与轧制联系起来的关键技术，使连铸-轧制变成一个紧密相连的一体化生产体系，是钢铁企业实现节能降耗的重要技术之一。第5章的研究结果表明，热芯大压下轧制提高了Nb-Ti微合金钢连铸坯厚度方向上的组织均匀性，铸坯连铸过程中形成的粗大奥氏体晶粒能够在热芯大压下轧制过程中通过动态再结晶得到明显细化。对于连铸过程形成的粗大奥氏体晶粒，如果能以热芯大压下轧制过程中动态再结晶的晶粒细化机制取代常规连铸坯冷装工艺下γ—α—γ相变及逆相变的晶粒细化机制，就可以对热芯大压下铸坯采用直接轧制工艺或热装工艺，免除了常规铸坯的再加热过程，这是实现厚规格板坯高效、节能生产，优化生产的主要发展方向。因此，很有必要研究热芯大压下铸坯在不同装送工艺下的组织演变。

本章依托河北钢铁集团钢铁技术研究总院中试基地，开展Nb-Ti微合金钢热芯大压下轧制连铸坯装送试验，对常规铸坯使用冷装工艺，对热芯大压下铸坯分别使用直接轧制工艺和热装工艺，研究了常规铸坯和热芯大压下铸坯在不同装送工艺下的显微组织演变、微合金第二相粒子析出和力学性能，并对微合金第二相粒子的粗化速率进行计算，研究其在不同温度下的粗化规律。

6.1　实验材料及实验方法

6.1.1　连铸坯装送工艺方案

Nb-Ti微合金钢连铸坯的化学成分如表6.1所列。按表中成分进行炼钢与浇铸，浇铸温度和连铸速度分别为1550 °C和1 m/min，过热度为30 °C。在连铸末端将横截面尺寸为135 mm × 135 mm的Nb-Ti微合金钢连铸坯直接火焰切割成两块，一块空冷至室温，命名为CC铸坯；另一块快速运送至轧机进行热芯大压下轧制。热芯大压下轧制前铸坯表面温度约为1050 °C，单道次变形量为35 mm，轧制速度为0.2 m/s，轧制后直接空冷至室温，命名为CC-HHR^{2}铸坯。对CC铸坯采用冷装工艺，对CC-HHR^{2}铸坯分别采用直接轧制工艺和热装工艺，Nb-Ti微合金钢连铸坯热芯大压下轧制和装送试验过程如图6.1所示，具体轧制工艺参数如表6.2所列，轧制压下规程与第五章所述一致。

CC铸坯冷装工艺是指将CC铸坯空冷至室温，然后重新加热至1250 °C，保温2 h后进行轧制，铸坯开轧温度为1100 °C，终轧温度为950 °C，轧制后空冷至室温。CC-HHR^{2}铸坯直接轧制工艺是指将铸坯在热芯大压下轧制后继续轧制至最终厚度，开轧温度为1050 °C，终轧温度为950 °C，然后空冷至室温。CC-HHR^{2}铸坯热装工艺是指将铸坯在热芯大压下轧制后空冷至800 °C，再重新加热至1150 °C并保温1 h，然后进行轧制，开轧温度为1100 °C，终轧温度为950 °C，轧制后空冷至室温。CC铸坯和CC-HHR^{2}铸坯在不同装送工艺下轧制后的最终厚度均为40 mm。

表6.1　Nb-Ti微合金钢连铸坯的化学成分（质量分数/%）

C	Si	Mn	P	S	Nb	Ti	N
0.1	0.188	2.2	0.021	0.003	0.06	0.06	0.003

表6.2　Nb-Ti微合金钢连铸坯装送工艺参数

坯料	装送工艺	开轧温度/°C	终轧温度/°C	轧后厚度/mm
CC铸坯	冷装	1100	950	40
CC-HHR^{2}铸坯	直接轧制	1050	950	40
CC-HHR^{2}铸坯	热装	1100	950	40

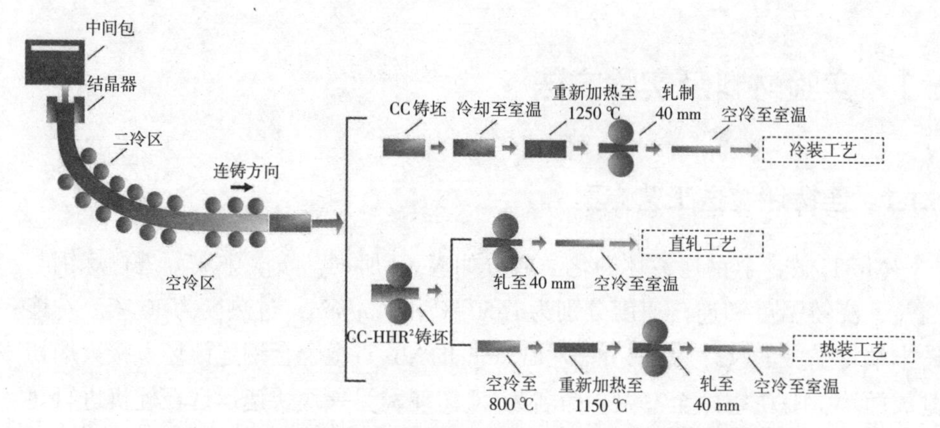

图6.1　Nb-Ti微合金钢连铸坯热芯大压下轧制和装送试验过程

6.1.2　组织检测方法

对不同装送方式下的CC热轧板和CC-HHR^2热轧板横截面中心线的表面、1/4厚度处和芯部切取尺寸为5 mm × 8 mm × 10 mm的金相试样，金相试样观察面垂直于轧面。试样在经过研磨、抛光和腐蚀后进行金相显微组织观察，并利用透射电子显微镜对CC热轧板和CC-HHR^2热轧板1/4厚度处的微合金第二相粒子形貌进行观察，利用Image-Pro Plus（IPP）软件测量微合金第二相粒子尺寸。

6.1.3　力学性能检测方法

将CC钢和CC-HHR^2钢沿垂直于轧制方向切取并加工成直径为5 mm，标距长度为25 mm的标准拉伸试样，进行拉伸试验，测定试验钢的屈服强度、抗拉强度和断后延伸率，拉伸速率恒定为1 mm/min。

6.2　不同装送工艺对热轧钢板组织的影响

6.2.1　不同装送工艺下热轧钢板显微组织

不同装送工艺下CC热轧板和CC-HHR^2热轧板厚度方向上的显微组织如图6.2所示。冷装工艺下CC热轧板、直接轧制工艺和热装工艺下CC-HHR^2热轧板在厚度方向上的显微组织均由多边形铁素体和粒状贝氏体组成，但是铁素体晶粒尺寸有所不同。

图6.2（a）（b）（c）显示，冷装工艺下CC热轧板表面至芯部铁素体晶粒

尺寸逐渐增大。CC铸坯冷装工艺经过γ-α-γ相变，铸坯组织重新经过完全奥氏体化，奥氏体晶粒得到细化。在再加热后的轧制过程中，轧制变形主要集中在铸坯表面和1/4厚度处，芯部变形程度较小。铸坯表面和1/4厚度处奥氏体晶界含量多，铁素体形核点多，促进了细小多边形铁素体形成；而铸坯芯部奥氏体晶界含量少，且芯部温度高，导致相变后铸坯芯部的铁素体晶粒尺寸较大。

图6.2（d）（e）（f）显示，与CC热轧板相比，直接轧制工艺下CC-HHR^2热轧板表面至芯部多边形铁素体晶粒尺寸差值有所减小。在CC-HHR^2铸坯直接轧制工艺下，由于连铸过程中形成的奥氏体晶粒非常粗大，铸坯在大温度梯度下进行连续多道次轧制，铸坯表面至芯部奥氏体晶粒通过动态再结晶得到明显细化，变形明显分割了连铸过程中形成的粗大奥氏体晶粒，并使奥氏体晶界明显提高，显著增加了铁素体的形核位置，促进了CC-HHR^2热轧板表面至芯部位置铁素体相变，因此在厚度方向上形成了细小的多边形铁素体。

图6.2（g）（h）（i）显示，热装工艺下CC-HHR^2热轧板表面至芯部的多边形铁素体晶粒尺寸逐渐增大。在CC-HHR^2铸坯热装工艺下，热芯大压下轧制使铸坯表面至芯部发生动态再结晶，连铸过程中形成的粗大奥氏体晶粒在热芯大压下轧制中得到一定程度的细化。当CC-HHR^2铸坯空冷至800 °C时，CC-HHR^2铸坯处于奥氏体和铁素体两相区温度范围，奥氏体晶界处会优先形成一定量铁素体组织，当温度继续升高至1150 °C并保温1 h时，连铸过程中铸坯厚度方向上的大温度梯度消除，铁素体重新转变为奥氏体。在随后的热轧过程中，由于铸坯在厚度方向上温度均匀分布，变形主要集中在表面和1/4厚度处，因此CC-HHR^2热轧板表面和1/4厚度处的奥氏体晶粒会进一步发生细化，而芯部奥氏体晶粒的细化程度不如表面和1/4厚度处，导致相变后的CC-HHR^2热轧板表面至芯部的多边形铁素体晶粒尺寸也呈增大的趋势，与CC热轧板表面至芯部的铁素体晶粒尺寸变化趋势相同。

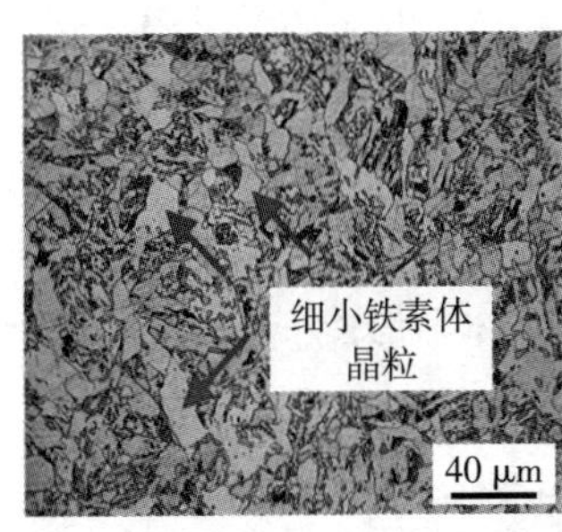

（a）冷装工艺下CC热轧板表面

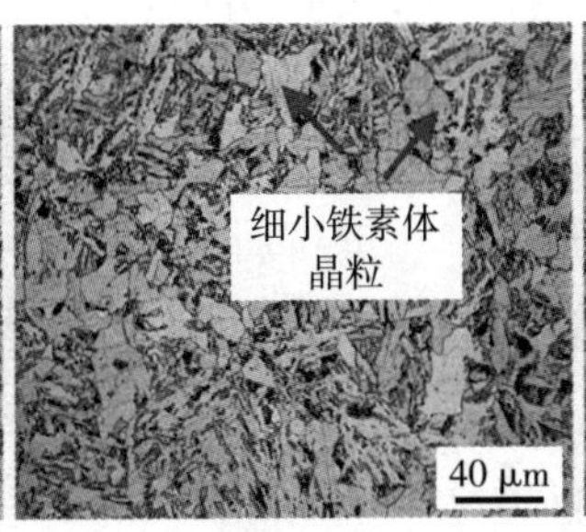

（b）冷装工艺下CC热轧板表面1/4厚度位置

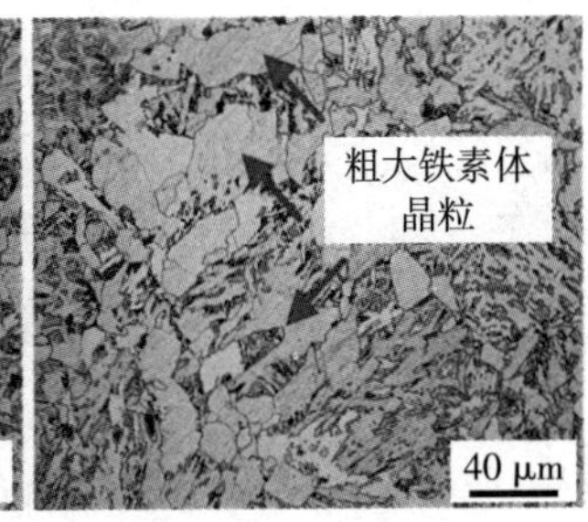

（c）冷装工艺下CC热轧板芯部

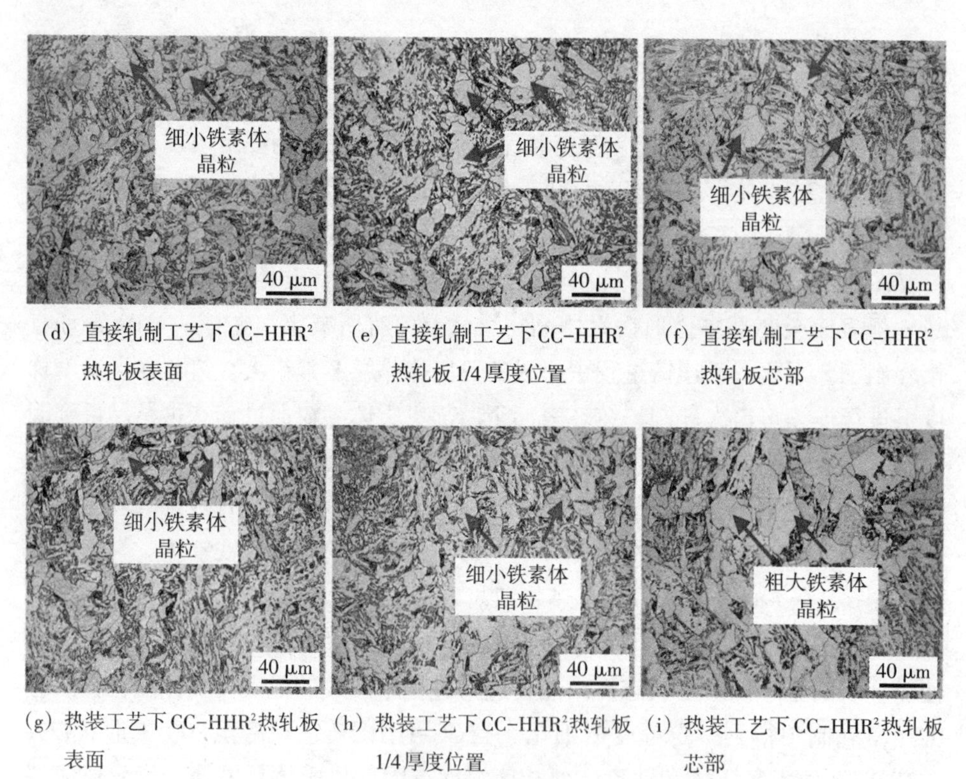

（d）直接轧制工艺下CC-HHR²热轧板表面　（e）直接轧制工艺下CC-HHR²热轧板1/4厚度位置　（f）直接轧制工艺下CC-HHR²热轧板芯部

（g）热装工艺下CC-HHR²热轧板表面　（h）热装工艺下CC-HHR²热轧板1/4厚度位置　（i）热装工艺下CC-HHR²热轧板芯部

图6.2　CC铸坯和CC-HHR²铸坯不同装送工艺下的显微组织

6.2.2　不同装送工艺下热轧钢板析出粒子

不同装送工艺下的CC热轧板和CC-HHR²热轧板1/4厚度处的微合金析出粒子TEM形貌如图6.3所示。图6.4为在不同装送工艺下CC热轧板和CC-HHR²热轧板1/4厚度处的微合金析出粒子尺寸的测量结果。

图6.3（a）（b）显示，在冷装工艺下CC热轧板1/4厚度处的铁素体基体中同时观察到大尺寸的析出粒子和细小的析出粒子。大尺寸的析出粒子主要为(Nb，Ti)(C，N）和Nb（C，N)，尺寸为20～30 nm的析出粒子数量百分数为32%，尺寸为30～55 nm的粗大析出粒子数量百分数为13%，这些粗大的析出粒子一部分在连铸过程中形成，在重新加热至1250 °C时并不会完全溶解，另一部分在再加热后回溶，然后在轧制过程中于奥氏体基体中形成应变诱导析出粒子，这些未溶的析出粒子和应变诱导析出粒子在冷却过程中保留至铁素体基体中。此外，细小的析出粒子主要为TiC和NbC，尺寸为6～20 nm的细小析出粒子数量百分数为55%，这些细小的析出粒子在铁素体基体中形核和析出，并在铁素体基体中呈弥散均匀分布，如图6.4（a）所示。

图6.3（c）（d）显示，在直接轧制工艺下CC-HHR²热轧板1/4厚度处，微合金析出粒子弥散均匀地分布于铁素体基体中。其中，尺寸为20～30 nm的析出粒子数量百分数为47%，其主要在奥氏体中应变诱导析出；尺寸为6～20 nm的析出粒子数量百分数为45%，其主要在连铸坯直接轧制后的冷却过程中于铁素体基体中形成；尺寸超过30 nm的粗大析出粒子数量百分数明显减少，如图6.4（b）所示。在直接轧制工艺下，CC-HHR²热轧板经过连续多道次的轧制变形，CC-HHR²热轧板内部位错密度和晶格缺陷大大增加，元素扩散能力显著提高，微合金第二粒子的形核和长大过程主要受溶质原子长距离扩散过程制约。因此，在奥氏体中，20～30 nm的应变诱导析出粒子数量增多，导致铁素体中析出粒子数量较冷装工艺CC热轧板有所减少。

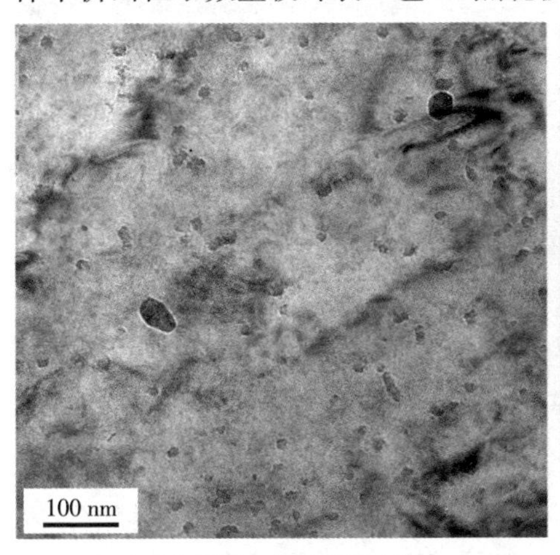

（a）冷装工艺下CC热轧板1

（b）冷装工艺下CC热轧板2

（c）直接轧制工艺下CC-HHR²热轧板1

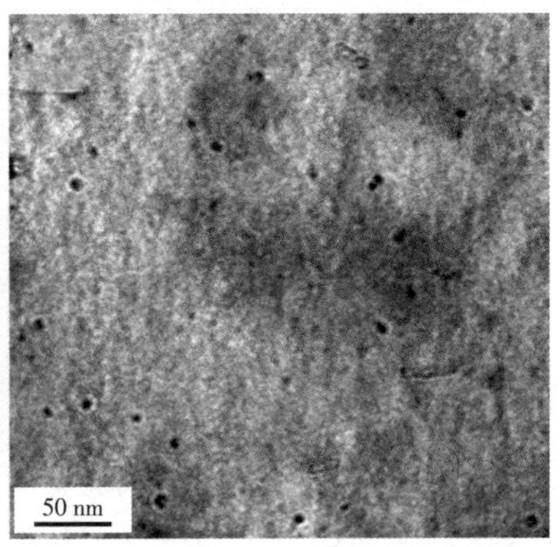

（d）直接轧制工艺下CC-HHR²热轧板2

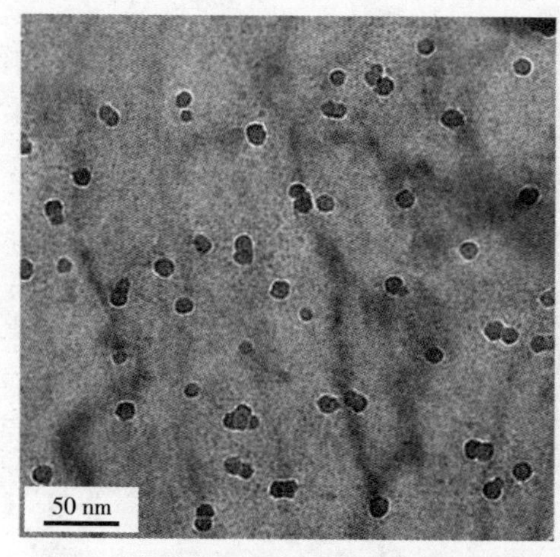

(e) 热装工艺下CC-HHR²热轧板1

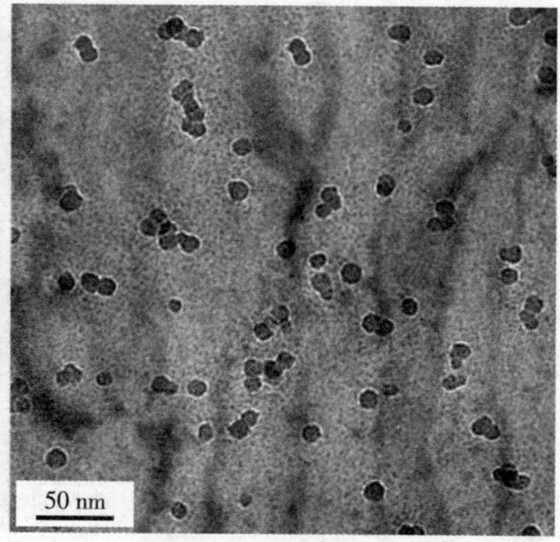

(f) 热装工艺下CC-HHR²热轧板2

图6.3　不同装送工艺下CC热轧板和CC-HHR²热轧板的析出粒子TEM形貌图

图6.3（e）（f）显示，在热装工艺下CC-HHR²热轧板1/4厚度处，析出粒子发生明显粗化。尺寸为6~20 nm的细小析出粒子数量百分数为18%，尺寸为20~30 nm的析出粒子数量百分数为77%，如图6.4（c）所示。铸坯在热芯大压下轧制后空冷至800 °C，此时CC-HHR²铸坯处在奥氏体和铁素体两相区温度范围，微合金第二相粒子析出驱动力较大，应变诱导析出粒子数量增加，当温度继续升高至1150 °C并保温1 h时，变形奥氏体中的应变诱导析出粒子发生粗化，尺寸细小的析出粒子发生消融，尺寸较大的析出粒子未完全溶解而进一步长大，在随后的轧制和冷却过程中保留至铁素体基体中。这些粗化的析出粒子为球形，数量较多，在一定程度上减少了冷却过程中铁素体基体中细小的析出粒子数量。

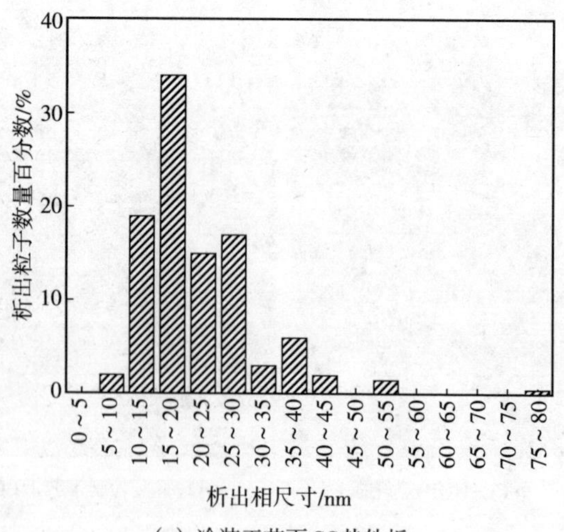

(a) 冷装工艺下CC热轧板

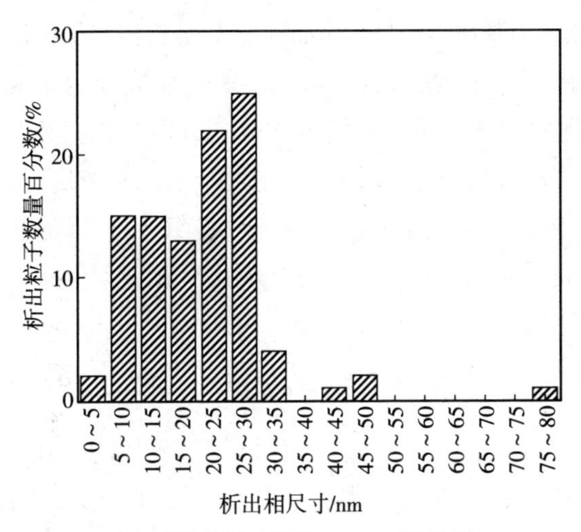

（b）直接轧制工艺下CC-HHR²热轧板

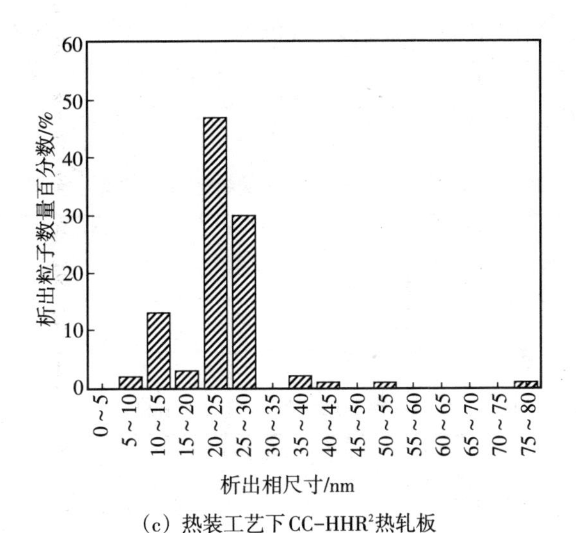

（c）热装工艺下CC-HHR²热轧板

图6.4　不同装送工艺下CC热轧板和CC-HHR²热轧板的析出粒子尺寸分布图

Nb-Ti微合金钢连铸坯在被不同的装送工艺轧制后会发生微合金第二相粒子应变诱导析出，微合金第二相粒子在析出后会发生一定程度的粗化，该粗化过程由溶质扩散过程控制，并以其在基体中的体扩散方式进行。在粗化过程中，析出粒子尺寸的粗化速率可以由式（6-1）和式（6-2）表示：

$$m=\left(\frac{8\sigma V_{\mathrm{p}}^{2}Dc_{0}}{9V_{\mathrm{B}}c_{\mathrm{p}}RT}\right)^{1/3} \tag{6-1}$$

$$c_{0}=\frac{[M]A_{\mathrm{Fe}}}{100A_{\mathrm{M}}} \tag{6-2}$$

式中，σ为析出粒子与基体之间的比界面能；V_P是析出粒子的摩尔体积，m^3/mol；D为微合金元素在基体中的扩散系数，m^2/s；c_0为微合金元素在基体中的原子浓度；$[M]$为平衡固溶量，可由固溶度积公式计算得出；V_B为溶质元素的摩尔体积，m^3/mol；c_P为微合金元素在第二相中的平衡摩尔浓度，其值为1。

析出粒子的粗化过程包括小颗粒的溶解、Nb与Ti等溶质原子的扩散及大颗粒界面处的界面反应三个过程。在粗化温度和粗化时间一定的条件下，析出粒子可达到的平均尺寸可通过m得出，可由式（6-3）表示：

$$r_t = mt^{1/3} \tag{6-3}$$

粗化过程的驱动力是析出粒子与基体之间的界面能，在析出粒子体积分数不变的情况下，析出粒子尺寸增大，总界面面积则减小，由此系统界面能减小。不同类型的微合金析出粒子TiN，NbN，TiC和NbC的粗化速率与其在奥氏体或铁素体基体中的固溶度积大小有很大关系，由表6.3和表6.4可计算微合金析出粒子在奥氏体中的粗化速率。采用表6.4中的固溶度积公式，计算出TiN，NbC和TiC的固溶温度分别为1695 ℃，1176 ℃和1135 ℃。

表6.3　溶质元素在奥氏体中的扩散系数和摩尔体积

	扩散系数D_γ	$V_B/(m^3 \cdot mol^{-1})$
Ti	$0.15\exp(-251000/RT)$	1.09191×10^{-5}
Nb	$0.83\exp(-266500/RT)$	1.10802×10^{-5}

表6.4　析出粒子在奥氏体中的比界面能、固溶度积公式和摩尔体积

	比界面能σ_γ	固溶度积公式	$V_P/(m^3 \cdot mol^{-1})$
TiN	$1.1803 - 0.5318 \times 10^{-3}T$	$\log([Ti] \cdot [N])_\gamma = 0.32 - 8000/T$	1.18186×10^{-5}
TiC	$1.2360 - 0.5570 \times 10^{-3}T$	$\log([Ti] \cdot [C])_\gamma = 2.75 - 7000/T$	1.24287×10^{-5}
NbC	$1.3435 - 0.6054 \times 10^{-3}T$	$\log([Nb] \cdot [C])_\gamma = 2.96 - 7510/T$	1.37537×10^{-5}
NbN	$1.2999 - 0.5858 \times 10^{-3}T$	$\log([Nb] \cdot [N])_\gamma = 3.70 - 10800/T$	1.31947×10^{-5}

图6.5所示为Nb-Ti微合金钢中不同类型的析出粒子TiN，NbN，TiC和NbC在奥氏体中的粗化速率。由图可知，析出粒子TiN，NbN，TiC和NbC的粗化速率随温度的升高大致以指数形式增大。在1200 ℃时，TiN的粗化速率为1.40 $nm \cdot s^{-1/3}$，NbN的粗化速率为1.48 $nm \cdot s^{-1/3}$，NbC和TiC的粗化速率分别为2.05 $nm \cdot s^{-1/3}$和1.92 $nm \cdot s^{-1/3}$。相较微合金氮化物TiN和NbN，微合金碳化物NbC和TiC的粗化速率明显增大。不同微合金碳氮化物的粗化速率与其在铁基体中的固溶度积有

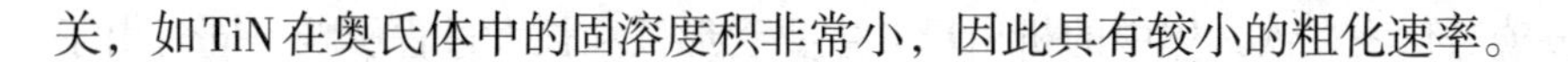

关，如TiN在奥氏体中的固溶度积非常小，因此具有较小的粗化速率。

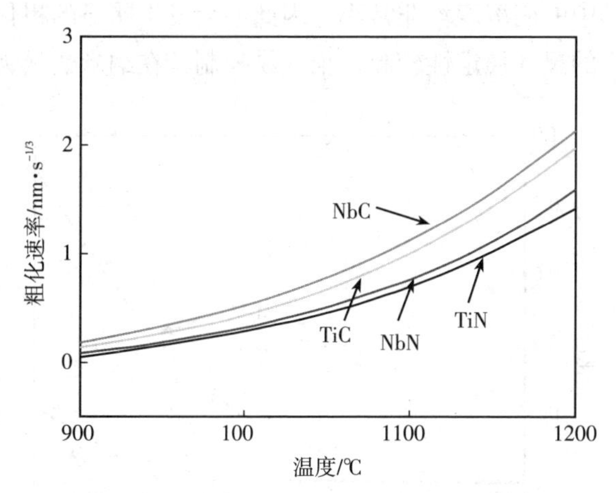

图6.5　析出粒子在奥氏体中的粗化速率*m*随温度的变化

Nb-Ti微合金钢中的析出粒子经一定程度粗化后不会在同一根位错线上存在，一定时间后溶质原子不会继续通过位错管道扩散而发生粗化，故实际中大多数析出粒子的长时间粗化过程主要由溶质原子在基体中的扩散过程所控制。可由表6.5和表6.6计算Nb-Ti微合金钢中TiC，NbC和NbN在铁素体中的粗化速率，由于TiN在很高的温度下即可完全析出，因此不需要考虑TiN在铁素体中的粗化问题，这里只考虑TiC，NbC和NbN随温度变化的粗化规律。

表6.5　溶质元素在铁素体中的扩散系数和摩尔体积

	扩散系数D_α	V_B/($m^3\cdot mol^{-1}$)
Ti	3.15exp(−248000/*RT*)	1.07984×10^{-5}
Nb	50.2exp(−252000/*RT*)	1.09749×10^{-5}

表6.6　析出粒子在铁素体中的比界面能、固溶度积公式和摩尔体积

	比界面能σ_α	固溶度积公式	V_P/($m^3\cdot mol^{-1}$)
TiC	$1.0687-0.3552\times10^{-3}T$	$\log([Ti]\cdot[C])_\alpha=4.40-9575/T$	1.22984×10^{-5}
NbC	$1.2537-0.4166\times10^{-3}T$	$\log([Nb]\cdot[C])_\alpha=5.43-10960/T$	1.36247×10^{-5}
NbN	$1.1700-0.3888\times10^{-3}T$	$\log([Nb]\cdot[N])_\alpha=4.96-12230/T$	1.30175×10^{-5}

图6.6为Nb-Ti微合金钢试验钢中微合金碳氮化物在铁素体中的粗化速率，如图所示，NbN，TiC和NbC在铁素体中的粗化速率随着温度降低迅速减小。在800 °C时，TiC，NbN和NbC的粗化速率只有0.219，0.158，0.911 $nm\cdot s^{-1/3}$。

微合金碳氮化物在铁素体中的析出尺寸主要受形核和长大过程影响，同时由于其在铁素体基体中的固溶度均非常小，因此不会发生明显的粗化。微合金析出粒子在铁素体中的尺寸稳定性较高，很容易控制其在纳米数量级。

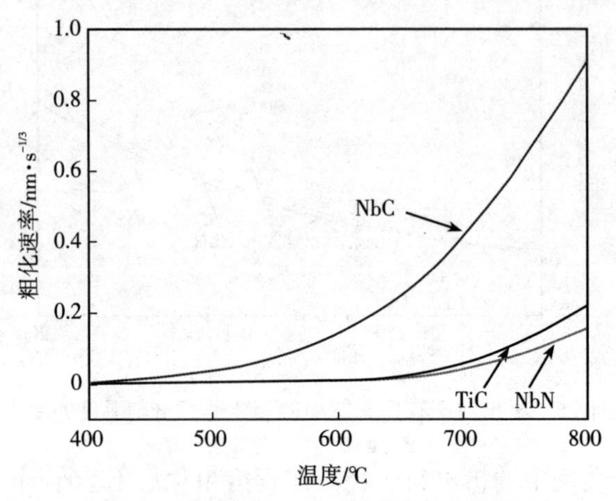

图6.6　析出粒子在铁素体中的粗化速率*m*随温度的变化

综上所述，在Nb-Ti微合金钢连铸坯热芯大压下轧制及不同装送工艺下，轧制产生的应变诱导析出粒子会发生一定程度粗化，根据微合金第二相粒子粗化速率的理论计算，制定合理的装送工艺参数（轧制温度和保温时间），对细化铸坯组织、控制析出粒子尺寸和提高连铸坯装送工艺水平具有重要意义，同时是节能和提高生产效率的主要发展方向之一。以热芯大压下轧制过程中的动态再结晶的晶粒细化机制代替常规连铸坯冷装过程中的γ-α-γ相变及逆相变的晶粒细化机制，为实现高品质微合金钢材直接轧制或热装热送轧制提供试验依据。

6.3　不同装送工艺热轧钢板力学性能

不同装送工艺下CC热轧板和CC-HHR^{2}热轧板厚度方向的力学性能如表6.7所列。由表可知：冷装工艺CC热轧板表面至芯部的屈服强度分别为481，475，452 MPa，抗拉强度分别为730，712，683 MPa，延伸率分别为23.7%，25.6%，19.5%。直接轧制工艺CC-HHR^{2}热轧板表面至芯部的屈服强度分别为485，473，472 MPa，抗拉强度分别为756，725，710 MPa，延伸率分别为23.5%，24.2%，20.8%。热装工艺CC-HHR^{2}热轧板表面至芯部屈服强度分别为463，455，445 MPa，抗拉强度分别为717，699，676 MPa，延伸率分别为

24.4%，26.8%，20.7%。CC铸坯和CC-HHR²铸坯在不同装送工艺下的力学性能差异并不大，因此，与常规连铸坯冷装工艺（CC铸坯冷装）相比，CC-HHR²铸坯直接轧制工艺和热装工艺在不降低组织均匀性和力学性能均匀性的前提下，能够更好地实现高效、节能生产和优化生产，如表6.7所列。

表6.7 CC热轧板和CC-HHR²热轧板的力学性能

试样	装送工艺	位置	屈服强度/MPa	抗拉强度/MPa	延伸率/%
CC热轧板	冷装	表面	481	730	23.7
		1/4厚度处	475	712	25.6
		芯部	452	683	19.5
CC-HHR²热轧板	直接轧制	表面	485	756	23.5
		1/4厚度处	473	725	24.2
		芯部	472	710	20.8
CC-HHR²热轧板	热装	表面	463	717	24.4
		1/4厚度处	455	699	26.8
		芯部	445	676	20.7

6.4 本章小结

本章结合实际生产过程，开展Nb-Ti微合金钢热芯大压下轧制连铸坯装送试验，研究了CC铸坯和CC-HHR²铸坯在不同装送工艺下的显微组织演变、微合金第二相粒子析出及力学性能，并对微合金第二相粒子的粗化速率进行计算，研究其在不同温度下的粗化规律，结果如下：

（1）冷装工艺下的CC热轧板表面至芯部的铁素体晶粒尺寸逐渐增大，直接轧制工艺下的CC-HHR²热轧板表面至芯部的铁素体晶粒尺寸逐渐减小，热装工艺下的CC-HHR²热轧板表面至芯部的多边形铁素体晶粒尺寸呈逐渐增大的趋势。

（2）在1/4厚度处，直接轧制工艺下CC-HHR²热轧板中尺寸为30～55 nm的析出粒子数量百分数较冷装工艺下CC热轧板中尺寸为30～55 nm的析出粒子数量百分数明显减少。热装工艺下CC-HHR²热轧板中的析出粒子较冷装工艺下CC热轧板和直接轧制工艺下CC-HHR²热轧板中的析出粒子发生明显粗化。析出粒子TiN，NbN，TiC和NbC在奥氏体基体中的粗化速率随温度的升高大致呈指数形式增大，而在铁素体基体中不会发生明显的粗化。

（3）冷装工艺下CC热轧板、直接轧制工艺下CC-HHR²热轧板和热装工艺下CC-HHR²热轧板力学性能差异不大，与常规连铸坯冷装工艺相比，CC-HHR²铸坯直接轧制工艺和热装工艺在不降低组织均匀性和力学性能均匀性的前提下，还能更好地实现高效、节能生产和优化生产。

（4）热芯大压下轧制过程中的动态再结晶的晶粒细化机制能够代替常规连铸坯冷装过程中的γ-α-γ相变及逆相变的晶粒细化机制，为实现高品质微合金钢材直接轧制或热装热送轧制提供试验依据。

第7章 结 论

本书针对连铸坯热芯大压下轧制技术，系统研究了Nb-Ti微合金钢连铸坯高温黏塑性区动态再结晶行为、奥氏体组织演变规律、微合金第二相粒子析出行为，以及铸坯再加热后组织遗传性和力学性能的变化规律。本书的主要内容和研究结果如下：

（1）采用单道次压缩热模拟试验，建立了在变形温度1000 ~ 1350 °C、应变速率0.01 ~ 10 s^{-*1}的条件下的高温黏塑性本构模型、动态再结晶模型和动态再结晶奥氏体晶粒尺寸模型，根据所建立的模型对试验钢在更高温度和更低应变速率下的动态再结晶体积分数和奥氏体晶粒尺寸进行定量分析。在常规变形温度（1000 ~ 1100 °C）时，随着应变和应变速率增加，奥氏体晶粒显著细化。在超高温度（1200 ~ 1350 °C）下，当应变从0增加至0.5、应变速率从0增加至5 s^{-1}时，奥氏体晶粒呈减小趋势；当应变增加至0.8，应变速率增加至10 s^{-1}时，奥氏体晶粒未得到进一步细化，反而发生粗化。

（2）采用双道次压缩热模拟试验，系统研究了高温黏塑性区（850 ~ 1300 °C）不同变形参数对第二相粒子析出行为的影响，并建立了奥氏体再结晶驱动力模型和第二相粒子析出钉扎力模型，详细阐明了高温黏塑性区析出和再结晶的交互作用。在变形温度950 °C保温30 s时，在奥氏体基体中观察到大量细小的微合金第二相粒子。在变形温度1300 °C保温30 s时，在奥氏体基体中观察到粗大的TiN粒子，并未观察到细小的微合金第二相粒子。在变形温度850 ~ 1000 °C时，析出会通过消耗形变储能优先于再结晶发生，对再结晶起到阻碍作用。在变形温度1100 ~ 1300 °C时，再结晶会通过消耗形变储能，降低第二相粒子析出驱动力而优先于析出发生，减弱析出粒子对再结晶的阻碍作用。

（3）采用Deform-3D有限元软件模拟出连铸坯热芯大压下轧制过程的温度场和应变场，提取高温黏塑性动态再结晶模型所需的温度、应变及应变速率等数据，定量计算并分析了轧制温度及压下量等工艺参数对Nb-Ti微合金钢连铸坯厚度方向奥氏体晶粒尺寸和再结晶体积分数分布的影响规律。在大温度梯度和大变形量的条件下，轧制变形能够进一步渗透至铸坯芯部，显著提高铸坯芯部动态再结晶体积分数，大幅细化芯部奥氏体晶粒，明显提高铸坯厚度方向上的组织均匀性。

（4）开展了Nb-Ti微合金钢连铸坯热芯大压下轧制试验，观察CC铸坯和CC-HHR²铸坯显微组织和析出粒子形貌。CC铸坯表面至芯部铁素体晶粒尺寸分别约为82，105，128 μm；CC-HHR²铸坯表面至芯部的铁素体晶粒尺寸分别约为69，63，65 μm，厚度方向上的铁素体晶粒尺寸差值明显减小，组织均匀性得到明显提高。该试验证实了热芯大压下轧制对提高Nb-Ti微合金钢连铸坯厚度方向的组织均匀性具有明显效果。

（5）对CC铸坯和CC-HHR²铸坯分别进行再加热和热轧试验，系统研究了热芯大压下轧制对再加热组织和热轧成品组织遗传性的影响。结果表明，CC铸坯再加热后表面至芯部的奥氏体晶粒尺寸分别约为119，140，158 μm；CC-HHR²铸坯再加热后表面至芯部的奥氏体晶粒尺寸分别约为80，72，75 μm。CC钢板热轧后表面至芯部的奥氏体晶粒尺寸分别约为42，76，118 μm；CC-HHR²钢板热轧后表面至芯部的奥氏体晶粒尺寸分别约为46，52，57 μm。热芯大压下轧制及冷却过程中应变诱导析出及第二相粒子的钉扎作用是保证细化的铸态组织在再加热后有效遗传、改善热轧成品板组织均匀性的主要原因，从而使热轧成品力学性能均匀性得到明显提高。

（6）研究了CC铸坯和CC-HHR²铸坯在不同装送工艺下的显微组织演变、微合金第二相粒子析出及力学性能，与常规连铸坯冷装工艺（CC铸坯冷装）相比，CC-HHR²铸坯直接轧制工艺和热装工艺在不降低热轧板组织均匀性和力学性能均匀性的前提下，能更好地实现高效、节能生产和优化生产。热芯大压下轧制过程中的动态再结晶的晶粒细化机制能够代替常规连铸坯冷装过程中的γ-α-γ相变及逆相变的晶粒细化机制，为实现高品质微合金钢材直接轧制或热装热送轧制提供试验依据。

参考文献

[1] 耿明山,刘艳,黄衍林. 大型特厚板坯料制造技术现状和发展趋势[J]. 中国冶金,2014,24(8):10-17.

[2] 王国栋. 加强技术创新推动钢铁行业迈进中高端[N]. 世界金属导报,2015-07-07(1).

[3] MINTZ B,YUE S,JONAS J J. Hot ductility of steels and its relationship to the problem of transverse cracking during continuous casting[J]. International materials reviews,1991,36(5). 187-217.

[4] HANAO M,KAWAMOTO M,YAMANAKA A. Growth of solidified shell just below the meniscus in continuous casting mold[J]. ISIJ international,2009,49(3):365-374.

[5] KRAUSS G. Solidification,segregation,and banding in carbon and alloy steels[J]. AISE steel technology,2004,1(3):145-157.

[6] 秦勤,吴迪平,邹家详. 连铸设备的热行为及力学行为[M]. 北京:冶金工业出版社,2013:4-5.

[7] SUN H B,ZHANG J Q. Study on the macrosegregation behavior for the bloom continuous casting: model development and validation[J]. Metallurgical and materials transactions B,2014,45(3):1133-1149.

[8] GAO X Z,YANG S F,LI J S. Effects of micro-alloying elements and continuous casting parameters on reducing segregation in continuously cast slab[J]. Materials and design,2016,110:284-295.

[9] GONG M N,LIU K,HU M X et al. Microstructure of Al-Mg-Si-La alloy under pulsed magnetic field treatment during solidification[J]. Materails science and technology,2023. 39(12):1452-1462.

[10] 胡汉起. 金属凝固原理[M]. 北京:机械工业出版社,2000:108-167.

[11] 崔忠圻,覃耀春. 金属学与热处理[M]. 北京:机械工业出版社,2007:54-55.

[12] GONG M N, LIU K, LIU Y Z, et al. Effect of lanthanum on the eutectic phase modification and mechanical properties of 6082 aluminum alloy[J]. Journal of materials engineering and performance, 2023, 1-10.

[13] GONG M N, Li H J, Li T X, et al. Evolution of austenite grain size in continuously cast slab during hot-core heavy reduction rolling process based on hot compression tests[J]. Steel research international, 2018, 89(7): 1800025.

[14] GONG M N, LI H J, WANG B, et al. Interaction of strain induced precipitates and recrystallized grains in nb-ti microalloyed slab during hot-core heavy reduction rolling and reheating process[J]. Journal of materials engineering and performance, 2019, 28(6): 3539-3550.

[15] LI H J, GONG M N, LI T X, et al. Effects of hot-core heavy reduction rolling during continuous casting on microstructures and mechanical properties of hot-rolled plates[J]. Journal of materials processing technology, 2020, 283: 116708.

[16] 陈重毅, 王文君, 麻永林, 等. Monel-400合金高温力学性能及断裂行为分析[J]. 稀有金属材料与工程, 2016, 45(7): 1782-1787.

[17] CHEN Z Y, KOU D X, CHEN Z Z, et al. Continuous cooling transformation behavior in welding coarse-grained heat-affected zone of G115 steel with the different content of boron[J]. Metallurgical and materials transactions B, 2023, 54:1831-1844.

[18] CHEN Z Y, KOU D X, CHEN Z Z, et al. Evolution of microstructure in welding heat-affected zone of g115 steel with the different content of boron[J]. Materials, 2022, 15(6): 2053.

[19] CHEN Z Y, CHEN Z Z, KOU D X, et al. Evolution of microstructure in reheated coarse-grained zone of g115 novel martensitic heat-resistant steel[J]. Journal of iron and steel research international, 2022, 29(2): 327-338.

[20] 陈重毅, 麻永林, 邢淑清, 等. 核用SA508-4N钢粗晶区再热裂纹敏感性评价[J]. 材料研究学报, 2019, 33(1): 72-80.

[21] 陈重毅, 乔伟超, 麻永林, 等. 八万吨模锻压机主缸焊接应力场有限元分析[J]. 焊接学报, 2017, 38(5): 1-6.

[22] YOSHIOKA H, TADA Y, HAYASHI Y. Crystal growth and its morphology in the mushy zone[J]. Acta materialia, 2004, 52(6): 1515-1523.

[23] KAJATANI T, DREZET J M, RAPPAZ M. Numerical simulation of deforma-

tion-induced segregation in continuous casting of steel[J]. Metallurgical and materials transactions A,2001,32(6):1479-1491.

[24] LESOULT G. Macrosegregation in steel strands and ingots: characterisation, formation and consequences[J]. Materials science and engineering A,2005, 413:19-29.

[25] MAYER F,WU M,LUDWIG A. On the formation of centreline segregation in continuous slab casting of steel due to bulging and/or feeding[J]. Steel research international,2010,81(8):660-667.

[26] BÖTTGER B,APEL M,SANTILLANA B,et al. Relationship between solidification microstructure and hot cracking susceptibility for continuous casting of low-carbon and high-strength low-alloyed steels: a phase-field study[J]. Metallurgical and materials transactions A,2013,44(8):3765-3777.

[27] HA J S,CHO J R,LEE B Y,et al. Numerical analysis of secondary cooling and bulging in the continuous casting of slabs[J]. Journal of materials processing technology,2001,113(3):257-261.

[28] JI C,LUO S,ZHU M Y. Analysis and application of soft reduction amount for bloom continuous casting process[J]. ISIJ international,2014,54(3):504-510.

[29] JI C,LUO S,ZHU M Y,et al. Uneven solidification during wide-thick slab continuous casting process and its influence on soft reduction zone[J]. ISIJ international,2014,54(1):103-111.

[30] MOON C H,OH K S,LEE J D,et al. Effect of the roll surface profile on centerline segregation in soft reduction process[J]. ISIJ international,2012,52(7):1266-1272.

[31] OGIBAYASHI S,KOBAYASHI M,YAMADA M,et al. Influence of soft reduction with one-piece rolls on center segregation in continuously cast slabs[J]. ISIJ international,1991,31(12):1400-1407.

[32] YIM C H,PARK J K,YOU B D,et al. The effect of soft reduction on center segregation in CC slab[J]. ISIJ international,1996,36:S231-S234.

[33] SIVESSON P,RAIHLE C M,KONTTINEN J. Thermal soft reduction in continuously cast slabs[J]. Materials science and engineering A,1993,173(1/2):299-304.

[34] ITOYAMA S,TOZAWA H,MOCHIDA T,et al. Control of early solidification

in continuous casting by horizontal oscillation in synchronization with vertical oscillation of the mold[J]. ISIJ international,1998,38(5):461-468.

[35] HIRAKI S, YAMANAKA A, SHIRAI Y, et al. Development of new continuous casting technology(PCCS) for very thick plate[J]. Materia Japan, 2009, 48(1):20-22.

[36] KAWAMOTO M. Recent development of steelmaking process in Sumitomo metals[J]. Journal of iron and steel research international, 2011, 18(2):28-35.

[37] ARAKI K, KOHRIYAMA T, NAKAMURA M. Development of heavy section steel plates with improved internal properties through forging and plate rolling process using continuous casting slabs[J]. Kawasaki steel technical report-english edition, 1999:80-85.

[38] KOSHIKAWA T, BELLET M, GANDIN C A, et al. Study of hot tearing during steel solidification through ingot punching test and its numerical simulation [J]. Metallurgical and materials transactions A, 2016, 47(8):4053-4067.

[39] SHIOMI M, ITAKURA Y, MORI K, et al. Finite element analysis of liquid ejection in continuously cast slab by sequential forging[J]. International journal of machine tools and manufacture, 1998, 38(10):1149-1163.

[40] XU Z G, WANG X H, JIANG M. Investigation on improvement of center porosity with heavy reduction in continuously cast thick slabs[J]. Steel research international, 2017, 88(2):42-54.

[41] ZHAO X K, ZHANG J M, LEI S W, et al. Dynamic recrystallization(DRX) analysis of heavy reduction process with extra-thickness slabs[J]. Steel research international, 2014, 85(5):811-823.

[42] ZHAO X K, ZHANG J M, LEI S W, et al. The position study of heavy reduction process for improving centerline segregation or porosity with extra-thickness slabs[J]. Steel research international, 2014, 85(4):645-658.

[43] ZHAO X K, ZHANG J M, LEI S W, et al. Finite-Element analysis of porosity closure by heavy reduction process combined with ultra-heavy plates rolling [J]. Steel research international, 2014, 85(11):1533-1543.

[44] JI C, WU C H, ZHU M Y. Thermo-mechanical behavior of the continuous casting bloom in the heavy reduction process[J]. The journal of the minerals, metals and materials society, 2016, 68(12):3107-3115.

[45] WU C H, JI C, ZHU M Y. Analysis of the thermal contraction of wide-thick continuously cast slab and the weighted average method to design a roll gap [J]. Steel research international, 2017, 88(9): 260-266.

[46] YANG Q, JI C, ZHU M Y. Modeling of the dynamic recrystallization kinetics of a continuous casting slab under heavy reduction[J]. Metallurgical and materials transactions A, 2019, 50(1): 357-376.

[47] 王国栋,尚成嘉,刘振宇. 海洋工程钢铁材料[M]. 北京:化学工业出版社, 2016: 2-5.

[48] ZHANG T, WANG B X, WANG Z D, et al. Side-surface shape optimization of heavy plate by large temperature gradient rolling[J]. ISIJ international, 2016, 56(1): 179-182.

[49] YU W, LI G S, CAI Q W, et al. Effect of a novel gradient temperature rolling process on deformation, microstructure and mechanical properties of ultra-heavy plate[J]. Journal of materials processing technology, 2015, 217: 317-326.

[50] LI N, YANG F C, PAN T. Analysis on section effect of heavy plate by finite element method during controlled cooling[J]. Materials science forum, 2008, 720(575-578): 1407-1413.

[51] WANG B, WANG Z D, WANG B X, et al. The relationship between microstructural evolution and mechanical properties of heavy plate of low-Mn steel during ultra fast cooling[J]. Metallurgical and materials transactions A, 2015, 46(7): 2834-2843.

[52] HU J, DU L X, XIE H, et al. Microstructure and mechanical properties of TMCP heavy plate microalloyed steel[J]. Materials science and engineering A, 2014, 607: 122-131.

[53] DING J G, ZHAO Z, JIAO Z J, et al. Central infiltrated performance of deformation in ultra-heavy plate rolling with large deformation resistance gradient [J]. Applied thermal engineering, 2016, 98: 29-38.

[54] XIE B S, CAI Q W, YUN Y, et al. Development of high strength ultra-heavy plate processed with gradient temperature rolling, intercritical quenching and tempering[J]. Materials science and engineering A, 2017, 680: 454-468.

[55] ORTIZ M, PANDOLFI A. Finite-deformation irreversible cohesive elements for three-dimensional crack-propagation analysis[J]. International journal for

numerical methods in engineering,1999,44(9):1267-1282.
[56] MIZUNO M, SANOMURA Y. Phenomenological formulation of viscoplastic constitutive equation for polyethylene by taking into account strain recovery during unloading[J]. Acta mechanica,2009,207(1):83-93.
[57] OKAMURA K,KAWASHIMA H. Three-dimensional elasto-plastic and creep analysis of bulging in continuously cast slabs[J]. Tetsu-to-hagane, 1989, 75(10):1905-1912.
[58] SAMANTARAY D,PATEL A,BORAH U,et al. Constitutive flow behavior of IFAC-1 austenitic stainless steel depicting strain saturation over a wide range of strain rates and temperatures[J]. Materials and design, 2014, 56(4):565-571.
[59] MEHTEDI M E, GABRIELLI F, SPIGARELLI S. Hot workability in process modeling of a bearing steel by using combined constitutive equations and dynamic material model[J]. Materials and design,2014,53(1):398-404.
[60] KIM S I, YOO Y C. Dynamic recrystallization behavior of AISI 304 stainless steel[J]. Material science and engineering A,2001,311(1):108-113.
[61] KIM S I,LEE Y,BYON S M. Study on constitutive relation of AISI 4140 steel subject to large strain at elevated temperatures[J]. Journal of material processing technology,2003,140(3):84-89.
[62] 余伟,许立雄,张昳,等. 95CrMo钢高温流变应力的本构方程[J]. 材料热处理学报,2015,36(10):261-267.
[63] ZHANG C L,MICHEL B,MANUEL B,et al. Inverse finite element modelling and identification of constitutive parameters of UHS steel based on Gleeble tensile tests at high temperature[J]. Inverse problems in science and engineering,2011,19(4):485-508.
[64] HOJNY M,GŁOWACKI M. The methodology of strain-stress curves determination for steel in semi-solid state[J]. Archives of metallurgy and materials, 2009,54(2):475-483.
[65] ZHENG C W,XIAO N M,LI D Z,et al. Microstructure prediction of the austenite recrystallization during multi-pass steel strip hot rolling: A cellular automaton modeling[J]. Computational materials science, 2008, 44(2):507-514.
[66] 沈鑫珺. 轧制与水冷耦合的控制轧制技术研究[D]. 沈阳:东北大学,

2017.

[67] FERNANDEZ A I, URANGA P, LOPEZ B, et al. Dynamic recrystallization behavior covering a wide austenite grain size range in Nb and Nb-Ti microalloyed steels[J]. Materials science and engineering A, 2003, 361(2): 357-376.

[68] MACCAGNO T M, JONAS J J, HODGSON P D. Spreadsheet modelling of grain size evolution during rod rolling[J]. ISIJ international, 1996, 36(6): 720-728.

[69] 王立军,武会宾,余伟,等. 低碳低合金钢形变奥氏体再结晶规律研究[J]. 热加工工艺,2010,39(18):20-23.

[70] Dutta B, Palmiere E J. Effect of prestrain and deformation temperature on the recrystallization behavior of steels microalloyed with niobium[J]. Metallurgical and materials transactions A, 2003, 34(6): 1237-1247.

[71] BOWDEN J W, SAMUEL F H, JONAS J J. Effect of interpass time on austenite grain refinement by means of dynamic recrystallization of austenite[J]. Metallurgical and materials transactions A, 1991, 22(12): 2947-2957.

[72] 李龙飞,杨王玥,孙祖庆. Mn含量对低碳钢中铁素体动态再结晶的影响[J]. 金属学报,2004,40(12):1257-1263.

[73] 周晓光,刘振宇,吴迪,等. FTSR热轧含Nb钢动态再结晶数学模型中参数的确定[J]. 金属学报,2008,44(10):1188-1192.

[74] 陈礼清,赵阳,徐香秋,等. 一种低碳钒微合金钢的动态再结晶与析出行为[J]. 金属学报,2010,46(10):1215-1222.

[75] ROUCOULES C, HODGSON P D, Yue S, et al. Softening and microstructural change following the dynamic recrystallization of austenite[J]. Metallurgical and materials transactions A, 1994, 25(2): 389-400.

[76] LIN Y C, CHEN M S, ZHONG J. Study of metadynamic recrystallization behaviors in a low alloy steel[J]. Journal of materials processing technology, 2009, 209(5): 2477-2482.

[77] CHEN J, LV M Y, TANG S, et al. Influence of thermomechanical control process on the evolution of austenite grain size in a low-carbon Nb-Ti-bearing bainitic steel[J]. Journal of materials engineering and performance, 2015, 24(10): 3852-3861.

[78] URANGA P, FERNANDEZ A I, LOPEZ B, et al. Transition between static

and metadynamic recrystallization kinetics in coarse Nb microalloyed austenite[J]. Materials science and engineering A,2003,345(2):319-327.

[79] LIN Y C,CHEN M S. Study of microstructural evolution during static recrystallization in a low alloy steel[J]. Journal of materials science,2009,44(3):835-842.

[80] 侯晶,王飞,赵国英,等. 微合金钢的研究现状及发展趋势[J]. 材料导报,2007,21(6):91-95.

[81] 王仪康. 微合金钢回顾与展望[J]. 中国工程科学,2000,2(2):77-82.

[82] 东涛,刘嘉禾. 我国低合金钢及微合金钢的发展、问题和方向[J]. 钢铁,2000,35(11):71-75.

[83] 田村今男. 高强度低合金钢的控制轧制与控制冷却[M]. 王国栋,刘振宇,熊尚武,译. 北京:冶金工业出版社,1992:264-268.

[84] 王占学. 控制轧制与控制冷却[M]. 北京:冶金工业出版社,1991:14-38.

[85] LIU Z K. Thermodynamic calculations of carbonitrides in microalloyed steels [J]. Scripta materialia,2004,50(5):601-606.

[86] 吴晋彬,刘国权,王浩. Nb,Ti 和 V 对含Nb微合金钢热变形行为的影响[J]. 金属学报,2010,46(7):838-843.

[87] 杨财水,罗许,康永林,等. Q345B 低锰钛微合金化钢的静态再结晶行为[J]. 金属热处理,2015(3):30-33.

[88] 陈俊,周砚磊,唐帅,等. Nb-Ti 微合金钢的静态再结晶行为[J]. 钢铁,2012,47(5),54-58.

[89] CAO Y B,XIAO F R,QIAO G Y,et al. Strain-induced precipitation and softening behaviors of high Nb microalloyed steels[J]. Materials science and engineering A,2012,552:502-513.

[90] 王昭东,曲锦波,刘相华,等. 松弛法研究微合金钢碳氮化物的应变诱导析出行为[J]. 金属学报,2000,36(6):618-621.

[91] DUTTA B,SELLARS C M. Effect of composition and process variables on Nb(C,N) precipitation in niobium microalloyed austenite[J]. Materials science and technology,1987,3(3):197-206.

[92] CHEN J,LV M Y,TANG S,et al. Influence of cooling paths on microstructural characteristics and precipitation behaviors in a low carbon V-Ti microalloyed steel[J]. Materials science and engineering A,2014,594:389-393.

[93] POLIAK E I,JONAS J J. Initiation of dynamic recrystallization in constant

strain rate hot deformation[J]. ISIJ international,2003,43(5):684-691.

[94] SAMUEL F H,YUE S,JONAS J J,et al. Effect of dynamic recrystallization on microstructural evolution during strip rolling[J]. ISIJ international, 1990, 30 (3):216-225.

[95] DUTTA B,VALDES E,SELLARS C M. Mechanism and kinetics of strain induced precipitation of Nb(C,N) in austenite[J]. Acta meterialia, 1992, 40 (4):653-662.

[96] JONAS J J,QUELENNEC X,JIANG L,et al. The Avrami kinetics of dynamic recrystallization[J]. Acta materialia,2009,57(9):2748.

[97] VERVYNCKT S, VERBEKEN K, THIBAUX P, et al. Recrystallization-precipitation interaction during austenite hot deformation of a Nb microalloyed steel[J]. Materials science and engineering A,2011,528(16):5519-5528.

[98] DAVIS C L, STRANGWOOD M. Segregation behaviour in Nb microalloyed steels[J]. Materials science and technology,2009,25(9):1126-1133.

[99] ENOMOTO M,WHITE C L,AARONSON H I. Evaluation of the effects of segregation on austenite grain boundary energy in Fe-C-X alloys[J]. Metallurgical and materidal transactions A,1988,19(7):1807-1818.

[100] JUN H J,KANG K B,PARK C G. Effects of cooling rate and isothermal holding on the precipitation behavior during continuous casting of Nb-Ti bearing HSLA steels[J]. Scripta materialia,2003,49(11):1081-1086.

[101] CHAKRABARTI D,DAVIS C,STRANGWOOD M. Development of bimodal grain structures in Nb-containing high-strength low-alloy steels during slab reheating[J]. Metallurgical and materials transactions A,2008,39(8):1963-1977.

[102] DAVIS C L, STRANGWOOD M. Preliminary study of the inhomogeneous precipitate distributions in Nb-microalloyed plate steels[J]. Journal of materials science,2002,37(6):1083-1090.

[103] WANG Z Q,SUN X J,YANG Z G,et al. Effect of Mn concentration on the kinetics of strain induced precipitation in Ti microalloyed steels[J]. Materials science and engineering A,2013,561:212-219.

[104] WANG W L,JI C,LUO S,et al. Modeling of dendritic evolution of continuously cast steel billet with cellular automaton[J]. Metallurgical and materials transactions B,2018,49(1):200-212.

[105] CLYNE T W, KURZ W. Solute redistribution during solidification with rapid solid state diffusion[J]. Metallurgical transactions A, 1981, 12(6): 965-971.

[106] SMITH V G, TILLER W A, RUTTER J W. A mathematical analysis of solute redistribution during solidification[J]. Canadian journal of physics, 1955, 33(12): 723-745.

[107] ZHANG D Y, STRANGWOOD M. Characterisation and modelling of microsegregation in low carbon continuously cast steel slab[C]. Proceedings of the 2013 international symposium on liquid metal processing & casting. springer, cham, 2013: 321-327.

[108] LOUHENKILPI S, MIETTINEN J, HOLAPPA L. Simulation of microstructure of as-cast steels in continuous casting[J]. ISIJ international, 2006, 46(6): 914-920.

[109] LAKI R S, BEECH J, DAVIES G J. Prediction of dendrite arm spacings and d-ferrite fractions in continuously cast stainless steel slabs[J]. Ironmaking and steelmaking, 1985, 12(4): 163-170.

[110] MA Z, JANKE D. Characteristics of oxide precipitation and growth during solidification of deoxidized steel[J]. ISIJ international, 1998, 38(1): 46-52.

[111] CHOUDHARY S K, GANGULY S, SENGUPTA A, et al. Solidification morphology and segregation in continuously cast steel slab[J]. Journal of materials processing technology, 2017, 243: 312-321.

[112] JIANG D B, ZHU M Y. Solidification structure and macrosegregation of billet continuous casting process with dual electromagnetic stirrings in mold and final stage of solidification: A numerical study[J]. Metallurgical and materials transactions b, 2016, 47(6): 3446-3458.

[113] MILLER L E. Tensile fracture in carbon steels[J]. Journal of the iron and steel institute, 1970, 208: 998-1005.

[114] BIGELOW L K, FLEMINGS M C. Sulfide inclusions in steel[J]. Metallurgical transactions b, 1975, 6(2): 275-283.

[115] OIKAWA K, OHTANI H, ISHIDA K, et al. The control of the morphology of MnS inclusions in steel during solidification[J]. ISIJ international, 1995, 35(4): 402-408.

[116] WON Y M, YEO T J, SEOL D J, et al. A new criterion for internal crack formation in continuously cast steels[J]. Metallurgical and materials transac-

tions B,2000,31(4):779-794.

[117] IMAGUMBAI M. Behaviors of manganese-sulfide in aluminum-killed steel solidified uni-directionally in steady state-dendrite structure and inclusions [J]. ISIJ international,1994,34(11):896-905.

[118] ROY S,CHAKRABARTI D,DEY G K. Austenite grain structures in Ti-and Nb-containing high-strength low-alloy steel during slab reheating[J]. Metallurgical and materials transactions A,2013,44(2):717-728.

[119] KUNDU A,DAVIS C,STRANGWOOD M. Grain size distributions after single hit deformation of a segregated,commercial Nb-containing steel:prediction and experiment[J]. Metallurgical and materials transactions A,2011,42 (9):2794-2806.

[120] HONG S G,JUN H J,KANG K B,et al. Evolution of precipitates in the Nb-Ti-V microalloyed HSLA steels during reheating[J]. Scripta materialia, 2003,48(8):1201-1206.

[121] DYER M S,SPEER J G,MATLOCK D K,et al. Microalloy precipitation in hot charged slabs[J]. Iron & steel technology,2010,7(10):96-105.

[122] 雍岐龙. 钢铁材料中的第二相[M]. 北京:冶金工业出版社,2006:319-406.

[123] NORDBERG H,ARONSSON B. Solubility of niobium carbide in austenite [J]. Journal of the iron and steel institute,1968,206(12):1263-1266.

[124] IRVINE K J,PICKERING F B,GLADMAN T. Grain refined C-Mn Steel[J]. Journal of the iron and steel institute,1967,205(2):161-182.

[125] SAIKALY W,CHARRIN L,CHARAÏ A,et al. The effects of thermomechanical processing on the precipitation in an industrial dual-phase steel microalloyed with titanium[J]. Metallurgical and materials transactions A,2001,32 (8):1939-1947.

[126] SOTO R,SAIKALY W,BANO X,et al. Statistical and theoretical analysis of precipitates in dual-phase steels microalloyed with titanium and their effect on mechanical properties[J]. Acta materialia,1999,47(12):3475-3481.

[127] ZHOU J,KANG Y L,MAO X P. Precipitation characteristic of high strength steels microalloyed with titanium produced by compact strip production[J]. Journal of university of science and technology beijing,mineral,metallurgy, material,2008,15(4):389-395.

[128] ZHUO X J, WOO D H, WANG X H, et al. Formation and thermal stability of large precipitates and oxides in titanium and niobium microalloyed steel[J]. Journal of iron and steel research international, 2008, 15(3): 70-77.

[129] OOI S W, FOURLARIS G. A comparative study of precipitation effects in Ti only and Ti-V ultra low carbon(ULC) strip steels[J]. Materials characterization, 2006, 56(3): 214-226.

[130] VEGA M I, MEDINA S F, QUISPE A, et al. Recrystallisation driving forces against pinning forces in hot rolling of Ti-microalloyed steels[J]. Materials science and engineering A, 2006, 423(2): 253-261.

[131] VEGA M I, MEDINA S F, Quispe A, et al. Influence of TiN particle precipitation state on static recrystallisation in structural steels[J]. ISIJ international, 2005, 45(12): 1878-1886.

[132] HUA M, GARCIA C I, DEARDO A J. Precipitation behavior in ultra-low-carbon steels containing titanium and niobium[J]. Metallurgical and materials transactions A, 1997, 28(9): 1769-1780.

[133] WILSON P R, CHEN Z. TEM characterisation of iron titanium sulphide in titanium-and niobium-containing low manganese steel[J]. Scripta materialia, 2007, 56(9): 753-756.

[134] YOSHINAGA N, USHIODA K, AKAMATSU S, et al. Precipitation behavior of sulfides in Ti-added ultra low-carbon steels in austenite[J]. ISIJ international, 1994, 34(1): 24-32.

[135] MIRZADEH H, NAJAFIZADEH A. Hot deformation and dynamic recrystallization of 17-4 PH stainless steel[J]. ISIJ international, 2013, 53(4): 680-689.

[136] LI X L, WANG Z D, DENG X T, et al. Precipitation behavior and kinetics in Nb-V-bearing low-carbon steel[J]. Materials letters, 2016, 182: 6-9.

[137] LI X L, LEI C S, TIAN Q, et al. Nanoscale cementite and microalloyed carbide strengthened Ti bearing low carbon steel plates in the context of newly developed ultrafast cooling[J]. Materials science and engineering A, 2017, 698: 268-276.

[138] PERELOMA E V, KOSTRYZHEV A G, AlShahrani A, et al. Effect of austenite deformation temperature on Nb clustering and precipitation in microalloyed steel[J]. Scripta materialia, 2014, 75: 74-77.

[139] JUNG K H, LEE H W, IM Y T. Numerical prediction of austenite grain size in a bar rolling process using an evolution model based on a hot compression test[J]. Materials science and engineering A, 2009, 519(1-2): 94-104.

[140] 袁晓云,陈礼清. 一种高锰奥氏体TWIP钢的高温热变形与再结晶行为[J]. 金属学报, 2015, 51(6): 651-658.

[141] 曹宇,邸洪双,张洁岑,等. 800H合金动态再结晶行为研究[J]. 金属学报, 2012, 48(10): 1175-1185.

[142] ZHANG Y, TIAN B H, LIU P. High temperature deformation behavior and microstructure preparation of Cu-Ni-Si-P alloy[C]//Materials science forum, 2012, 704: 135-140.

[143] 刘战英,陈连生,周满春,等. 变形条件对30MnSiV钢动态再结晶行为的影响[J]. 钢铁研究学报, 2004, 16(1): 49-52.

[144] MIRZAEE M, KESHMIRI H, EBRAHIMI G R, et al. Dynamic recrystallization and precipitation in low carbon low alloy steel 26NiCrMoV 14-5[J]. Materials science and engineering A, 2012, 551: 25-31.

[145] YUE C X, ZHANG L W, LIAO S L, et al. Kinetics analysis of the austenite grain growth in GCr15 steel[J]. Journal of materials engineering and performance, 2010, 19(1): 112-115.

[146] QUELENNEC X, BOZZOLO N, JONAS J J, et al. A new approach to modeling the flow curve of hot deformed austenite[J]. ISIJ international, 2011, 51(6): 945-950.

[147] SAKAI T, BELYAKOV A, KAIBYSHEV R, et al. Dynamic and post-dynamic recrystallization under hot, cold and severe plastic deformation conditions[J]. Progress in materials science, 2014, 60: 130-207.

[148] KIM S I, CHOI S H, LEE Y. Influence of phosphorous and boron on dynamic recrystallization and microstructures of hot-rolled interstitial free steel[J]. Materials science and engineering A, 2005, 406(2): 125-133.

[149] MOMENI A, DEHGHANI K, EBRAHIMI G R. Modeling the initiation of dynamic recrystallization using a dynamic recovery model[J]. Journal of alloys and compounds, 2011, 509(39): 9387-9393.

[150] DOHERTY R D, HUGHES D A, HUMPHREYS F J, et al. Current issues in recrystallization: a review[J]. Materials science and engineering A, 1997, 238(2): 219-274.

[151] 郝庆乐,韩静涛. 26MnB5钢的动态再结晶行为[J]. 钢铁研究学报,2016,28(1):58-63.

[152] HONG S G, KANG K B, PARK C G. Strain-induced precipitation of NbC in Nb and Nb-Ti microalloyed HSLA steel[J]. Scripta materialia, 2002, 46: 163-168.

[153] KUNDU A, DAVIS C, STRANGWOOD M. Modeling of grain size distributions during single hit deformation of a Nb-containing steel[J]. Metallurgical and materials transactions A, 2010, 41(4): 994-1002.

[154] KOSTRYZHEV A G, SHAHRANI A A, ZHU C, et al. Effect of deformation temperature on niobium clustering, precipitation and austenite recrystallisation in a Nb-Ti microalloyed steel[J]. Materials science and engineering A, 2013, 581: 16-25.

[155] KWON O, DEARDO A J. Interactions between recrystallization and precipitation in hot-deformed microalloyed steels[J]. Acta metallurgica et materialia, 1991, 39(4): 529-538.

[156] DEHGHAN-MANSHADI A, JONAS J J, HODGSON P D, et al. Correlation between the deformation and post-deformation softening behaviours in hot worked austenite[J]. ISIJ international, 2008, 48(2): 208-211.

[157] LIN Y C, CHEN M S. Study of microstructural evolution during metadynamic recrystallization in a low-alloy steel[J]. Materials science and engineering: A, 2009, 501(2): 229-234.

[158] CHO S H, KANG K B, JONAS J J. The dynamic, static and metadynamic recrystallization of a Nb-microalloyed steel[J]. ISIJ international, 2001, 41(1): 63-69.

[159] CHEN F, CUI Z, SUI D, et al. Recrystallization of 30Cr2Ni4MoV ultra-supercritical rotor steel during hot deformation. Part Ⅲ: Metadynamic recrystallization[J]. Materials science and engineering A, 2012, 540: 46-54.

[160] HODGSON P D. A mathematical model to predict the mechanical properties of hot rolled C-Mn and microalloyed steels[J]. ISIJ international, 1992, 32(12): 1329-1338.

[161] MOMENI A, DEHGHANI K, EBRAHIMI G R, et al. Modeling the flow curve characteristics of 410 martensitic stainless steel under hot working condition[J]. Metallurgical and materials transactions A, 2010, 41(11):

2898-2904.

[162] EBRAHIMI G R, KESHMIRI H, MOMENI A, et al. Dynamic recrystallization behavior of a superaustenitic stainless steel containing 16% Cr and 25% Ni[J]. Materials science and engineering A, 2011, 528(25): 7488-7493.

[163] MANDAL S, BHADURI A K, SARMA V S. A study on microstructural evolution and dynamic recrystallization during isothermal deformation of a Ti-modified austenitic stainless steel[J]. Metallurgical and materials transactions A, 2011, 42(4): 1062-1072.

[164] HANSEN S S, VANDER SANDE J B, COHEN M. Niobium carbonitride precipitation and austenite recrystallization in hot-rolled microalloyed steel[J]. Metallurgical and materials transactions A, 1980, 11(3): 387-402.

[165] 宫美娜,李海军,王斌,等. EH47钢连铸坯热芯大压下轧制应变诱导析出行为[J]. 材料热处理学报,2019,40(3):133-140.

[166] 宫美娜,李海军,王斌,等. Nb-Ti连铸坯热芯大压下轧制动态再结晶行为研究[J]. 轧钢,2020,37(1):12-17.

[167] BAI D Q, YUE S, MACCAGNO T, et al. Static recrystallization of Nb and Nb-B steels under continuous cooling conditions[J]. ISIJ international, 1996, 36(8): 1084-1093.

[168] CHEN J, TANG S, LIU Z Y, et al. Strain-induced precipitation kinetics of Nb(C, N) and precipitates evolution in austenite of Nb-Ti micro-alloyed steels[J]. Journal of materials science, 2012, 47: 4640-4648.

[169] 蔺永诚,陈明松,钟掘. 42CrMo钢形变奥氏体的静态再结晶[J]. 中南大学学报(自然科学版),2009,40(2):411-416.

[170] 鲍思前,周瑾,叶恭琦,等. 含Nb微合金钢Q345E静态再结晶行为研究[J]. 热加工工艺,2015,44(4),82-89.

[171] BECK P A, SPERRY P R. Strain induced grain boundary migration in high purity aluminum[J]. Journal of applied physics, 1950, 21(2): 150-152.

[172] PALMIERE E J, GARCIA C I, DEARDO A J. The influence of niobium supersaturation on the static recrystallization behavior of microailoyed steels[J]. Metallurgical and materials transactions A, 1996, 27(4): 951-960.

[173] MEDINA S F, QUISPE A. Influence of strain on induced precipitation kinetics in microalloyed steels[J]. ISIJ international, 1996, 36(10): 1295-1300.

[174] MAROPOULOS S, KARAGIANNIS S, RIDLEY N. Factors affecting prior

austenite grain size in low alloy steel[J]. Journal of materials science,2007, 42(4):1309-1320.

[175] PALMIERE E J, GARCIA C I, DEARDO A. J. Compositional and microstructural changes which attend reheating and grain coarsening in steels containing niobium[J]. Metallurgical and materials transactions A, 1994, 25 (2):277-286.

[176] 陈俊,唐帅,刘振宇,等. 低Ni、Cr、Cu和Mo高性能桥梁钢的动态再结晶行为[J]. 东北大学学报(自然科学版),2014,35(7):960-963.

[177] WANG S C. The effect of trace-Ti content on the solubility of Nb and the consequent properties of Nb-bearing steels[J]. Metallurgical and materials transactions A,1993,24(9):2127-2130.

[178] ROBERTS W, AHLBLOM B. A nucleation for dynamic recrystallization during hot working[J]. Acta metallurgica,1978,26(5):801-813.

[179] LIU S, CHALLA V S A, NATARAJAN V V, et al. Significant influence of carbon and niobium on the precipitation behavior and microstructural evolution and their consequent impact on mechanical properties in microalloyed steels[J]. Materials science and engineering A,2017,683:70-82.

[180] CHEN J K, VANDERMEER R A, REYNOLDS W T. Effects of alloying elements upon austenite decomposition in low-C steels[J], Metallurgical and materials transactions A,1994,25(7):1367-1379.

[181] WEISS I, JONAS J J. Interaction between recrystallization and precipitation during the high temperature deformation of HSLA steels[J]. Metallurgical and materials transactions A,1979,10(7):831-840.

[182] CUDDY L J. Grain refinement of Nb steels by control of recrystallization during hot rolling[J]. Metallurgical and materials transactions A,1984,15(1): 87-98.

[183] LIN C K, SU Y H, HWANG W S, et al. On pinning effect of austenite grain growth in Mg-containing low-carbon steel[J]. Materials science and technology,2018,34(5):596-606.

[184] ZHOU C, PRIESTNER R. The evolution of precipitates in Nb-Ti microalloyed steels during solidification and post-solidification cooling[J]. ISIJ international,1996,36(11):1397-1405.

[185] SILVA M B R, GALLEGO J, CABRERA J M, et al. Interaction between re-

crystallization and strain-induced precipitation in a high Nb-and N-bearing austenitic stainless steel: influence of the interpass time[J]. Materials science and engineering A,2015,637:189-200.

[186] WANG W L,LUO S,ZHU M Y. Dendritic growth of high carbon iron-based alloy under constrained melt flow [J]. Computational materials science, 2014,95:136-148.

[187] MA J C,XIE Z,CI Y,et al. Simulation and application of dynamic heat transfer model for improvement of continuous casting process[J]. Materials science and technology,2009,25(5):636-639.

[188] LUO S, WANG B. Y, WANG Z H, et al. Morphology of solidification structure and MnS inclusion in high carbon steel continuously cast bloom[J]. ISIJ international,2017,57(11):2000-2009.

[189] WANG K, YU T, SONG Y, et al. Effects of MnS Inclusions on the banded microstructure in non-quenched and tempered steel[J]. Metallurgical and materials transactions b,2019,50(3):1213-1224.

[190] HOSSEINI S B, TEMMEL C, KARLSSON B, et al. An in-situ scanning electron microscopy study of the bonding between MnS inclusions and the matrix during tensile deformation of hot-rolled steels[J]. Metallurgical and materials transactions A,2007,38(5):982-989.

[191] NAKAGAWA T, UMEDA T, MURATA J, et al. Deformation behavior during solidification of steels[J]. ISIJ international,1995,35(6):723-729.

[192] SEOL D J, WON Y M, OH K H, et al. Mechanical behavior of carbon steels in the temperature range of mushy zone[J]. ISIJ international,2000,40(4): 356-363.

[193] GUO L, LI W, BOBADILLA M, et al. High temperature mechanical properties of micro-alloyed carbon steel in the mushy zone[J]. Steel research international,2010,81(5):387-393.

[194] WON Y M, KIM K, YEO T, et al. Effect of cooling rate on ZST, LIT and ZDT of carbon steels near melting point[J]. ISIJ international, 1998, 38(10): 1093-1099.

[195] KIM K, YEO T J, OH K H, et al. Effect of carbon and sulfur in continuously cast strand on longitudinal surface cracks[J]. ISIJ international, 1996, 36(3):284-289.

[196] PICCONE T J, NATARAJAN T T, STORY S R, et al. Quantitative methods for evaluation of centerline segregation[J]. Iron steel technol. 2016. 13, 55-62.

[197] PIERER R, BERNHARD C. On the influence of carbon on secondary dendrite arm spacing in steel[J]. Journal of materials science, 2008, 43(21): 6938-6943.

[198] SENGUPTA J, THOMAS B G, SHIN H, et al. Mechanism of hook formation in ultralow-carbon steel based on microscopy analysis and thermalstress modeling[J]. Iron and steel technology, 2007, 4(7): 83.

[199] GONZALEZ M, GOLDSCHMIT M B, ASSANELLI A P, et al. Modeling of the solidification process in a continuous casting installation for steel slabs [J]. Metallurgical and materials transactions B, 2003, 34(4): 455-473.

[200] JIANG D B, WANG W L, LUO S, et al. Numerical simulation of slab centerline segregation with mechanical reduction during continuous casting process [J]. International journal of heat and mass transfer, 2018, 122: 315-323.

[201] JIANG D B, WANG W L, LUO S, et al. Mechanism of macrosegregation formation in continuous casting slab: a numerical simulation study[J]. Metallurgical and materials transactions B, 2017, 48(6): 3120-3131.

[202] GUAN R, JI C, ZHU M Y, et al. Numerical simulation of V-shaped segregation in continuous casting blooms based on a microsegregation model [J]. Metallurgical and materials transactions B, 2018, 49(5): 2571-2583.

[203] POTHS R M, HIGGINSON R L, PALMIERE E J. Complex precipitation behaviour in a microalloyed plate steel[J]. Scripta materialia, 2001, 1(44): 147-151.

[204] KOSEKI T, MATSUMIYA T, YAMADA W, et al. Numerical modeling of solidification and subsequent transformation of Fe-Cr-Ni alloys[J]. Metallurgical and materials transactions A, 1994, 25(6): 1309-1321.

[205] KUROSAWA F, TAGUCHI I. Precipitation behavior of phosphides in the centerline segregation zone of continuously cast steel slabs[J]. Metallurgical and Materials transactions, 1990, 31(1): 51-60.

[206] REIP C P, SHANMUGAM S, MISRA R D K. High strength microalloyed C Mn(V-Nb-Ti) and CMn(V-Nb) pipeline steels processed through CSP thin-slab technology: Microstructure, precipitation and mechanical properties[J].

Materials science and engineering A,2006,424(1-2):307-317.

[207] HUI Y J,YU Y,WANG L,et al. Strain-induced precipitation in Ti micro-alloyed interstitial-free steel[J]. Journal of iron and steel research,international,2016,23(4):385-392.

[208] KRAUSS G. Solidification, segregation, and banding in carbon and alloy steels[J]. Metallurgical and materials transactions B, 2003, 34(6): 781-792.

[209] SABY M,BOUCHARD P O,BERNACKI M. Void closure criteria for hot metal forming: a review[J]. Journal of manufacturing processes, 2015, 19: 239-250.

[210] 贺信莱,尚成嘉,杨善武,等. 高性能低碳贝氏体钢-成分、工艺、组织、性能与应用[M]. 北京:冶金工业出版社,2008:202-203.

[211] PA M,D P D,CHANDRA T,et al. Grain growth predictions in microalloyed steels[J]. ISIJ international,1996,36(2):194-200.

[212] CRAVEN A J,HE K,GARVIE L A J,et al. Complex heterogeneous precipitation in titanium-niobium microalloyed Al-killed HSLA steels-I.(Ti,Nb)(C,N) particles[J]. Acta materialia,2000,48(15):3857-3868.

[213] 刘宗昌,任慧平. 过冷奥氏体扩散型相变[M]. 北京:科学出版社,2007:130-132.

[214] KAKIMOTO H,ARIKAWA T,TAKAHASHI Y,et al. Development of forging process design to close internal voids[J]. Journal of materials processing technology,2010,210(3):415-422.

[215] WANG B,ZHANG J,XIAO C,et al. Analysis of the evolution behavior of voids during the hot rolling process of medium plates[J]. Journal of materials processing technology,2015,221:121-127.

[216] JI Y H,PARK J J,MOON C H,et al. Finite element analysis of deformation characteristics in heavy slab rolling[J]. International journal of modern physics B,2009,23(7):1591-1596.

[217] DENG W,ZHAO D W,QIN X M,et al. Simulation of central crack closing behavior during ultra-heavy plate rolling[J]. Computational materials science,2009,47(2):439-447.

[218] XU D,JI C,ZHAO H Y,et al. A new study on the growth behavior of austenite grains during heating processes[J]. Scientific reports,2017,7(1):3968-

3981.

[219] JIAO S, PENNING J, LEYSEN F, et al. The modeling of the grain growth in a continuous reheating process of a low carbon Si-Mn bearing TRIP steel[J]. ISIJ international, 2000, 40(10): 1035-1040.

[220] JIANG M, CHEN L N, He J, et al. Effect of controlled rolling/controlled cooling parameters on microstructure and mechanical properties of the novel pipeline steel [J]. Advances in manufacturing, 2014, 2(3): 265-274.

[221] WANG B, LIU Z Y, ZHOU X G, et al. Precipitation behavior of nanoscale cementite in hypoeutectoid steels during ultra fast cooling (UFC) and their strengthening effects[J]. Materials science and engineering A, 2013, 575: 189-198.

[222] WANG B, LIU Z Y, ZHOU X G, et al. Precipitation behavior of nanoscale cementite in 0. 17% carbon steel during ultra fast cooling(UFC) and thermomechanical treatment (TMT) [J]. Materials science and engineering A, 2013, 588: 167-174.

[223] DONG H, SUN X J. Deformation induced ferrite transformation in low carbon steels[J]. Current opinion in solid state and materials science, 2005, 9 (6): 269-276.

[224] CHIOU C S, YANG J R, HUANG C Y. The effect of prior compressive deformation of austenite on toughness property in an ultra-low carbon bainitic steel [J]. Materials chemistry and physics, 2001, 69(1-3): 113-124.

[225] LAN L Y, QIU C L, ZHAO D W, et al. Effect of austenite grain size on isthermal bainite transformation in low carbon microalloyed steel[J]. Materials science and technology, 2011, 27(11): 1657-1663.

[226] KIM S K, KIM Y M, LIM Y J, et al. Relationship between yield ratio and the material constants of the Swift equation[J]. Metals and materials international, 2006, 12(2): 131-135.

[227] LI X L, LEI C S, DENG X T, et al. Precipitation strengthening in titanium microalloyed high-strength steel plates with new generation-thermomechanical controlled processing(NG-TMCP)[J]. Journal of alloys and compounds, 2016, 689: 542-553.

[228] MISRA R D K, NATHANI H, HARTMANN J E, et al. Microstructural evolution in a new 770 MPa hot rolled Nb-Ti microalloyed steel[J]. Materials sci-

ence and engineering A,2005,394(2):339-352.

[229] YAMAMOTO S,YOKOYAMA H,YAMADA K,et al. Effect of the austenite grain size and deformation in the unrecrystallized austenite region on bainite transformation behavior and microstructure[J]. ISIJ international, 1995, 35 (8):1020-1026.

[230] CHEN J H,KIKUTA Y,ARAKI T,et al. Micro-fracture behavior induced by MA constituent(island martensite) in simulated welding heat affected zone of HT80 high strength low alloyed steel[J]. Acta metallurgica, 1984, 32 (10):1779-1788.

[231] ZHAO L,ZHANG X D,CHEN W Z. Toughness of heat-affected zone of 800 MPa grade low alloy steel[J]. Acta metallurgica sinica,2015,41(4): 392-396.

[232] MIAO C L,SHANG C J,SUBRAMANIAN M. Effect of ausforming and cooling rate on the distribution of high angle boundaries in low carbon bainitic structure[J]. Journal of university of science and technology beijing,2012, 34(3):289-297.

[233] FUJIWARA K, OKAGUCHI S, OHTANI H. Effect of hot deformation on bainite structure in low carbon steels[J]. ISIJ international, 1995, 35(8): 1006-1012.

[234] KITAHARA H,UEJI R,TSUJI N,et al. Crystallographic features of lath martensite in low-carbon steel[J]. Acta materialia,2006,54(5):1279-1288.

[235] ZHAO H, WYNNE B P, PALMIERE E J. Effect of austenite grain size on the bainitic ferrite morphology and grain refinement of a pipeline steel after continuous cooling[J]. Materials characterization,2017,123:128-136.

[236] GUO Z,LEE C S,MORRIS J W. On coherent transformations in steel[J]. Acta materialia,2004,52(19):5511-5518.